玩转易信

李晓斌 等编著

U0332755

机械工业出版社
CHINA MACHINE PRESS

本书通过对易信这款即时通信软件的详细介绍，全面地向读者展现了易信的功能和使用方法以及其自身所蕴藏的市场营销价值。本书一共分为12章，循序渐进地讲述了易信这款软件，从易信的基本介绍到易信的基本功能，从易信的功能按钮到易信的使用方法，从易信的营销技巧到具体的营销案例，每个章节都进行了详细的叙述。

　　本书自学性强，语言平实，适合大量阅读人群。精彩图片加上案例使内容浅显易懂，适合作为易信受众人群的必备参考手册。

图书在版编目（CIP）数据

玩转易信/李晓斌等编著. —北京：机械工业出版社，2014.3
ISBN 978-7-111-45715-2

Ⅰ.①玩… Ⅱ.①李… Ⅲ.①互联网络–软件工具–基本知识 Ⅳ.①TP393.409

中国版本图书馆CIP数据核字（2014）第023507号

机械工业出版社（北京市百万庄大街22号　邮政编码100037）
策划编辑：杨　源　责任编辑：杨　源
北京汇林印务有限公司印刷
2014年3月第1版第1次印刷
169mm×239mm·14.25印张·261千字
0001—4000册
标准书号：ISBN 978-7-111-45715-2
定价：39.80元

凡购本书，如有缺页、倒页、脱页，由本社发行部调换
电话服务　　　　　　　　　　网络服务
社服务中心：（010）88361066　教材网：http://www.cmpedu.com
销售一部：（010）68326294　机工官网：http://www.cmpbook.com
销售二部：（010）88379649　机工官博：http://weibo.com/cmp1952
读者购书热线：（010）88379203　**封面无防伪标均为盗版**

前 言

随着即时通信在中国市场的迅猛发展，各式各样的聊天工具横空出世。当微信的到来改变中国互联网人的聊天方式并将本土互联网产品推向世界市场时，易信也紧随其后。易信推出时间不到一年，但来势汹汹，一经推出就致力实现无障碍沟通，提出实现全网免费短信和电话留言，App与手机和电话之间的互通。易信在刚上线的当天用户数就突破70万，来势不可小觑。

无论是外界充满火药味的质疑还是业内人士的预期解读，易信的出现都是面向市场的一次挑战。易信如何在市场压力下寻找自己的突破口，如何完善自身的用户体验度，这将是一条任重而道远的路。

本书从解读易信功能出发，深入浅出地讲解易信这款即时通信软件的使用方法，给刚接触易信的朋友提供借鉴，配合大量精美图片和实战案例更好地为易信爱好者指引使用方向。本书特点综合如下。

"免费"，当你还在省吃俭用为一个月的电话费苦苦烦恼时，易信已经推出全网无障碍的免费短信和电话留言，而且每月还有实时免费流量等你领取，具体使用情况在本书会为你一一介绍。

"潮流"，本书从易信这款聊天软件本身出发，为你介绍易信即时的功能，例如想发送一段语音、一张高清图片以及一段视频等，其

体方法详见本书内容。

"方便"，当你还在苦恼为易信这款软件各种按钮无处寻找时，本书从易信主界面开始讲解，无"死角"地为你展示各种按钮的不同使用方法，精细程度令你"咂舌"。

"全面"，作为一款刚刚面世的聊天软件，本书在为读者介绍完各种易信使用功能后，还添加了此款即时通信软件所蕴藏的营销价值，为企业和团体组织提供借鉴。

"及时"，本书内容紧紧跟随着易信更新的脚步，书中介绍的大部分易信界面和使用方法都迎合市场上最新版本的易信，力求读者在看完本书后能在最短时间掌握易信的操作。

"专业"，本书内容还涉及用易信怎样进行市场营销的知识，提高品牌知名度，加强公众号粉丝黏度等，当然其背后更多的商业价值还有待更多能人志士去进行挖掘。

作为一个大众化、社交性强的聊天工具，不同的使用人群都会从书中得到不同的启发。本书面向的读者可以是一个都市的潮流人士，易信可以成为其个性化的标签，可以是一个企业组织或营销人士，挖掘易信的营销价值；可以是一个媒体人员，及时推送最新内容，开展粉丝互动等。

参与本书编写的人员有张晓景、李晓斌、冯彤、牟明、冯海、杨琪、余秀芳、陶玛丽、董亮、刘刚、朱兵、胡卫军、李政、高杰、刘明明、衣波、张伟、王靖文、林秋、宋玉洁。

目 录

第 2 章　易信的安装

第 3 章　让自己的易信与众不同

第 4 章　易信的基本设置与实用工具

第 5 章　通过易信结交新朋友

第6章 使用易信聊天

第7章 易信特殊功能应用

第 8 章　易信朋友圈

第 9 章　了解PC版易信

第 10 章　易信公众号

第 11 章　易信的营销技巧

第 12 章　易信营销案例

第1章

什么是易信

现代社会科技高速发展，手机应用已经融入到人们生活的方方面面，手机即时通信软件也孕育而生。手机即时通信软件因其即时性、互动性、费用低甚至完全免费，获得了许多手机用户的青睐，易信就是一款非常实用和功能强大的即时通信软件。

1.1 关于易信

网易与中国电信在 2013 年 8 月 19 日宣布合资成立浙江翼信科技有限公司，并发布新一代移动即时通信社交软件——易信，软件图标如图 1-1 所示。易信是全球首款互联网公司与电信运营商联手打造的移动即时通信社交软件，标志着互联网公司和电信运营商进入移动即时通信产品联合开发运营和资本合作的新阶段。

图 1-1

易信致力实现各种通信终端的互联互通，打造无障碍沟通，倡导不同移动即时通信的互联互通，是一款能够真正免费聊天的手机即时通信软件。易信具备独特的跨网免费短信、免费电话留言等强大功能，APP 与手机、固定电话可以互通。即使易信好友没有登录易信，甚至手机上没有安装易信，也可以收到信息。此外，用户可以通过易信发送电话语音留言到手机和固定电话，对方收听电话语音留言后可以直接回复。

提示：APP 是 Application 的简称，中文直译为应用程序，由于近年来智能手机的流行，现在 APP 多指智能手机的第三方应用程序。

1.2 易信初体验

易信是一种全新的通信方式，智能手机上出现的以易信为代表的新型即时聊天通信软件正风靡大街小巷，成为年轻人的通信新宠。今天，在公共场合，如果看到有人拿着手机当对讲机用，却完全不知道他们在干吗，那你就有点落伍了。

1.2.1 多种实时聊天方式

易信提供了多种实时聊天方式，可以通过易信与手机中的联系人进行实时的沟通。

通过易信可以发送文字、表情、图片、语音短信和视频。其中，语音短信采用独家降噪技术，使发送的语音更加清晰，声音更接近真声，如图 1-2 所示。

在使用易信进行实时聊天时，还提供了很多人性化的设计，例如信息"已读"和"对方正在输入"等提示，知道对方是否已经收到或阅读信息，如图 1-3 所示。

图 1-2 图 1-3

在使用易信进行实时聊天时，还可以使用易信免费提供的原创贴图家族，让聊天变得更加生动有趣，使情感表达更加丰富，如图 1-4 所示。

如果是使用易信进行语音聊天，易信还提供了自动连续播放语音的聊天模式，享受类似语音电话的体验，如图 1-5 所示。

图 1-4 图 1-5

1.2.2 免费短信

使用易信可以免费给移动、电信和联通的手机用户发送手机短信，无论对方有没有手机数据网络或者对方手机有没有安装易信软件，都能够收到通过易信所发送的短信，如图 1-6 和图 1-7 所示。

图 1-6 图 1-7

1.2.3 电话留言

用户使用易信可以免费向移动、电信和联通的手机用户或者固定电话发送电话留言，如图 1-8 和图 1-9 所示。

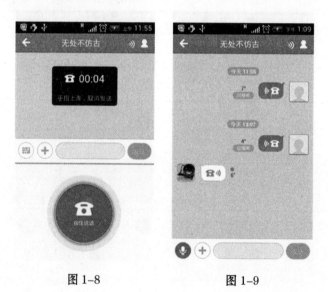

图 1-8 图 1-9

1.2.4 音乐分享

易信拥有海量的音乐曲库，用户使用易信可以向好友发送推荐的音乐。

1.2.5 二维码

易信的音乐曲库如图 1-10 和图 1-11 所示。易信中内置了二维码功能，用户可以使用易信二维码功能扫描易信账户，添加易信好友。将二维码图案置于取景框中，易信会找到好友的二维码，并自动添加好友，如图 1-12 所示。

图 1-10

图 1-11

图 1-12

1.2.6 公众平台

易信提供了公众平台的功能，无论是个人还是组织机构都可以打造一个易信的公众号。易信公众平台支持群发文本类、语音类、图片类、视频类、单图文或者多图文类消息，同时易信还为公众平台注册用户提供数据实时统计、资料管理、用户管理及关系维系等功能，如图 1-13 所示。

图 1-13

目前，易信公众平台仍处于试运营阶段，易信公众平台主要可以实现媒体资讯、内部分享客户服务和工具助手四项主要功能。易信可以接受个人用户、企业用户和团体机构等申请入驻。根据易信官方披露的最新数据，易信公众平台账号已超过 6000 家。

1.2.7 朋友圈

用户使用易信还可以创建朋友圈，朋友圈中的用户都可以在朋友圈中发表文字和图片，同时，也可以对好友新发的照片进行"评论"，如图 1–14 所示。

1.2.8 密码锁定

为了保护用户的隐私，易信还提供了密码锁定的功能，用户可以设置打开易信时需要使用密码进行解锁，如图 1–15 所示。

图 1–14　　　　　　　　　　图 1–15

1.2.9 与翼聊互通

使用易信可以与翼聊软件互通，可以通过易信与翼聊用户聊天，免费发送文字、图片和语音，如图 1–16 和图 1–17 所示。

1.3 哪些手机可以使用易信

目前，易信主要推出的版本有 iOS 和 Android 系统版本，使用这两种操作系统的手机也占据了市场上绝大多数的份额。

图 1-16　　　　　　　　图 1-17

提示：翼聊是中国电信推出的一款通过网络快速推送免费文字、图片、手写涂鸦、语音短信和视频，支持多个群聊，同时提供知信、语音通话、电话会议等多种通信服务的手机聊天软件。

1.3.1 易信支持哪些手机操作系统

易信是中国电信与网易公司联合推出的一款基于智能手机的即时通信聊天软件。既然是基于智能手机，那么对手机的操作系统平台就会有一定的要求，并不是所有的手机操作系统都可以使用易信。目前，易信所支持的手机系统主要是 iOS 系统和 Android 系统，如图 1-18 所示，基本涵盖了目前市场上的主流手机操作系统。

图 1-18

提示：目前，智能手机操作系统主要有 iOS 系统、Android 系统、Windows Phone 系统、Symbian 系统、Blackberry 系统以及 Series40 系统，主流的操作系统主要是 Android 系统和 iOS 系统。

1.3.2 苹果系统

苹果系统也就是 iOS 系统，英文全称为 iphone Operation System，是由美国

苹果公司开发的一款手持移动设备操作系统。iOS 系统最初是为 iPhone 手机设计使用的，iPhone 手机在市场上一推出便大获成功，于是，苹果公司便陆续推出了 iPod touch、iPad 和 Apple TV 等产品，如图 1-19 所示。并且全部都使用 iOS 系统，iOS 系统也是目前苹果公司推出的手持移动设备的唯一操作系统。

图 1-19

iOS 系统具有简单易懂的界面、令人惊叹的功能，以及超强的稳定性，这些性能已经成为 iPhone、iPad 和 iPod touch 的强大基础。

1.3.3 安卓系统

安卓系统英文名为 Android，是由 Google 公司和开放手机联盟联合开发的一种基于 Linux 的操作系统，主要使用于智能手机和平板计算机。

Android 操作系统最初由 Andy Rubin 开发，主要支持手机。2005 年 8 月由 Google 收购注资。2007 年 11 月，Google 与 84 家硬件制造商、软件开发商及电信营运商组建开放手机联盟共同研发改良 Android 系统。其后于 2008 年 10 月，第一部 Android 智能手机终于发布了，如图 1-20 所示。

目前 Android 系统已经逐渐扩展到平板计算机及其他领域上，如电视、数码相机和游戏机等，如图 1-21 所示。2011 年第一季度，Android 在全球的市场

> 提示：易信推出市场的时间才短短几个月，目前只支持 iOS 和 Android 系统，其他操作系统平台的易信版本也正在陆续开发和规划中，相信在不久的将来就会推出。

份额首次超过塞班系统，跃居全球第一。2012 年 11 月数据显示，Android 占据全球智能手机操作系统市场 76% 的份额，中国市场占有率为 90%。

图 1-20

图 1-21

1.4 我适合用易信吗

易信是时下最新的免费手机通信软件，适合所有智能手机用户使用，并且包含特有的免费短信和电话留言等功能，使得人与人之间的沟通更加自由和便捷。

1.4.1 易信需要花多少钱

易信完全免费，使用任何功能都不会收取费用，在使用易信时产生的上网流量费由手机网络运营商收取。目前易信邀请好友所产生的短信费由手机网络运营商收取，与用户手机短信套餐实际资费情况相符。易信特有的免费短信和免费留言所产生的流量也是少之又少。

1.4.2 哪些人在使用易信

易信中清新化的界面和个性化的贴图开始吸引众多年轻人选择易信。特有的免费短信和免费电话留言功能也是日常上班族和远在他乡的打工族的福音。易信公众号作为一个宣传企业、团体组织信息的平台也在开始被大量开发使用。

1.5 易信 PK 微信

毫无疑问，微信在中国的移动即时通信市场占据着垄断地位，后起的易信能否挑战微信所在市场的地位？这就要从二者的区别和易信的优势开始看起。

1.5.1 支持跨网通信

易信作为一款有网易和电信联合推出的通信软件，不仅支持电信用户手机客户端的下载，同样支持移动和联通用户的下载。易信以手机通信作为基础来吸引用户的使用。

1.5.2 高质量的语音

易信采用独家降噪技术，能够保证录音的清晰，沟通起来很方便。而微信在这一方面还有待完善。

1.5.3 免费短信和免费电话留言

易信最为独特之处在于全网的免费短信和电话留言发送。无论接收对象是否是电信用户甚至是没有安装易信的用户，这些对象都可以接受到发送者用易信发送的免费短息和电话留言。这些都是微信无法实现的。

1.5.4 免费流量的赠送

易信推广初期，推出免费领取 300MB 流量的计划，在规定的一段时间内成功注册易信的天翼用户将获赠 300MB 流量，流量充值到手机账号。另外在当月发送 5 条以上的天翼易信用户，次月可申请获赠 60MB 电信流量。

1.5.5 语音聊天的提示

易信较微信在语音聊天的基础上提高了语音质量后还进一步在语音聊天的用户体验上加入了几个提示性的语音聊天状态，分别为未读状态，如图 1-22 所示；收听状态，如图 1-23 所示；已读状态，如图 1-24 所示。这样方便用户在使用易信语音聊天时及时了解对方和自己的动态。

1.5.6 易信贴图的免费发送

微信中贴图的下载是要收费的，在易信中贴图的使用是免费的，易信用户可以直接在易信软件中随时下载自己喜欢的贴图,还可以关注易信的"贴图家族"

公众号关注最新贴图的发布，而这些都是免费的。这让易信聊天变得更加生动有趣，使情感表达更加丰富。

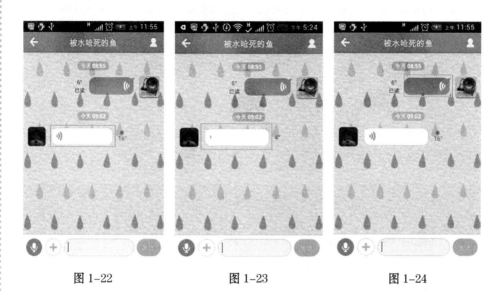

图 1-22　　　　　　　图 1-23　　　　　　　图 1-24

1.6　易信目前的不足

作为一个初期阶段的即时通信软件，易信的发展和推广在前期饱受诟病，这种现象的存在也是不可避免的。一方面由于微信市场的成熟，人们已习惯了此软件；另一方面由于易信"涉世未深"，还有很多功能技术有待改善。下面通过网友的评论和作者的实践操作总结出现阶段易信的一些不足。

1.6.1　免费短信和留言的传送速度问题

易新实现全网的免费短信和留言的传送，但传送时间各异，例如当使用易信给一款移动手机发送免费短信时，移动手机接收到短信的时间很不确定，有时花费十几分钟，有时仅需要几秒钟时间。易信中也提到可以给固话发送免费的语音留言，但实际操作时未成功。

1.6.2　与翼聊聊天时的"不通"

通过易信绑定翼聊可以直接和自己翼聊中的好友聊天。实际操作时，通过易信只能发送文本给翼聊中的好友，至于相册图片和语音，在翼聊中的好友均不能接收到。

1.6.3 好友的随机推荐

易信可以通过手机通信录邀请好友，也可以从易信的好友推荐中添加好友，但在推荐的好友中，很多都是易信用户本身不认识的人或者团体。一方面会使易信用户感到厌烦，另一方面也会导致易信用户个人隐私的泄露。

1.6.4 易信贴图表情的不通用

易信贴图的免费使用下载让用户不断叫好，但在发送中有一种局限，就是当易信用户通过易信发送贴图表情时，只有当对方是易信用户时才能接受。不是易信用户就不会有任何显示。

> 提示：易信是一款新推出的手机即时通信软件，因其推出时间不久，仅仅只有几个月的时间，很多功能都在不断地完善，用户在使用的过程中可能会需要经常更新版本，建议用户在使用易信的过程中及时更新易信版本，以获得更加成熟和全面的功能及应用。

第 2 章

易信的安装

了解了易信的相关功能和作用，接下来就可以在手机中下载并安装易信了，并且新用户还需要注册一个易信账号才能开始使用易信。本章将向读者介绍如何下载并安装易信，以及易信的注册和登录方法。

2.1 安装易信

易信是网易和中国电信联合开发的一款真正免费的即时通信软件。易信可以免费发短信也可以向固话、手机发送留言等。那么易信是怎么安装的呢？下面有详细步骤和图注，来帮助读者完成易信的安装。

2.1.1 下载前的准备工作

下载前需要确认手机是不是智能机，不是智能机手机的用户目前是用不了的。易信目前支持的系统是 Android 系统和 iPhone。Android 系统要求 Android 2.2 或更高版本。iPhone 需要 iOS 5.0 或更高版本，与 iPad、iPod touch 兼容。

2.1.2 下载易信到手机

下面详细讲解易信的安装步骤。

打开手机浏览器，编者以 UC 浏览器为例。打开浏览器默认界面，如图 2-1 所示。输入搜索引擎，例如输入百度，单击"搜索"按钮，跳转到百度搜索界面，如图 2-2 所示。

图 2-1 　　　　　　　　　图 2-2

输入"易信"单击"百度一下"按钮，如图 2-3 所示。页面跳转到有关易信的搜索结果页面，如图 2-4 所示。

单击"进入下载"按钮，页面跳转到易信下载页面，如图 2-5 所示。单击"普通下载"链接，弹出文件下载对话框，如图 2-6 所示。

图 2-3   图 2-4

图 2-5   图 2-6

单击"本地下载"按钮，即可使用手机下载易信，显示下载进度，如图 2-7 所示。下载完成后，单击"安装"按钮，显示"是否安装此应用程序"提示界面，如图 2-8 所示。

单击"安装"按钮，即可开始安装易信，显示易信安装进度，如图 2-9 所示。完成易信的安装后，显示安装完成界面，如图 2-10 所示。单击"完成"按钮，即可退出易信安装界面，单击"打开"按钮，可以直接运行易信。

单击"完成"按钮，完成易信安装，返回手机系统中，可以看到易信的图标，如图 2-11 所示。单击易信图标，运行易信，进入易信欢迎界面，效果如图 2-12 所示。

玩 易
转 信

图 2-7

图 2-8

（图 2-9）

图 2-9

图 2-10

图 2-11

欢迎来到易信

易信支持高清语音、视频、图片和文字

图 2-12

2.1.3 易信的其他安装方法

　　除了上一节介绍的直接使用手机下载安装易信，还可以使用其他的方法安装易信。在易信的官方网站上就提供了多种下载易信的方式，可以选择将易信下载链接发送到手机或者下载易信到计算机中，再复制到手上进行安装。

　　在计算机中打开浏览器，输入易信官方网址 http://yixin.im，进入易信官方网站，如图 2-13 所示。

　　在易信的官方网站首页面中详细地介绍了有关易信的相关功能等信息，单击页面中的"立即下载"按钮,弹出提示窗口,显示 4 种下载易信的方式,如图 2-14 所示。

图 2-13

图 2-14

如果用户用的是苹果的 iOS 操作系统,那么需要单击 iPhone 按钮,然后在 iTunes 软件的 App Store 中搜索易信软件下载,如图 2-15 所示。

> 提示:使用 iOS 操作系统手机的用户,下载易信软件前需要先安装 iTunes 软件,然后再进行易信软件的下载。

图 2-15

单击"免费发送到手机"按钮，可以在页面中输入手机号码，单击"发送下载地址"按钮，如图 2-16 所示。手机会收到短信，短信中给出了易信的下载地址。

图 2-16

提示：手机会收到一条关于易信地址的短信，单击手机短信上的易信地址链接，就可以下载易信软件了。一般不建议使用此方法下载易信，编者经过多次试验发现此方法下载成功率很低，一般弹出一个提示对话框显示"服务器繁忙，请稍后再试"。

如果手机装有二维码扫描，可以直接对准易信二维码区域扫描，二维码扫描结果如图 2-17 所示。单击易信链接地址，弹出易信下载页面，如图 2-18 所示。

接下来编者使用计算机下载 Android 版易信安装程序来详细讲解如何下载到计算机中再复制到手机中安装易信。

图 2-17

图 2-18

在计算机中打开浏览器，输入易信官方网址 http://yixin.im，进入易信官方网站，单击页面中的"立即下载"按钮，弹出提示窗口，如图 2-19 所示。单击"Android"按钮，弹出"文件下载"对话框，如图 2-20 所示。

图 2-19

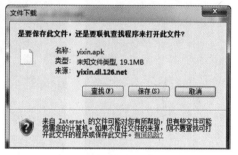

图 2-20

单击"保存"按钮，即可下载 Android 版易信安装程序。通过 USB 数据线把下载后的 Android 版易信安装程序复制到手机中，如图 2-21 所示。单击 Android 版易信安装程序，弹出"应用程序安装包"对话框，如图 2-22 所示。

单击"安装"按钮，弹出是否安装此应用软件对话框，如图 2-23 所示。单击"安装"按钮，即可在手机中开始安装易信，显示安装进度，如图 2-24 所示。

安装完成后显示安装成功界面，如图 2-25 所示。返回桌面找到易信图标，如图 2-26 所示，易信即安装成功了。

图 2-21

图 2-22

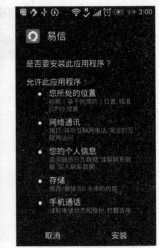

图 2-23

图 2-24

图 2-25

图 2-26

2.2 注册和登录易信

使用易信前需要先注册，注册后可以跟朋友语音聊天、发免费短信。易信注册的步骤如下所示。

2.2.1 注册成为易信用户

在手机中单击易信图标，如图 2-27 所示。启动易信软件，单击"马上体验"

按钮，如图 2-28 所示。弹出注册和登录页面，如图 2-29 所示。

图 2-27

图 2-28

图 2-29

第一次使用易信时需要注册账号，账号注册成功以后就可以直接登录了。单击"注册"按钮，跳转到注册页面，如图 2-30 所示。选择所在的国家，输入手机号码（移动、电信、联通等号码），如图 2-31 所示。

图 2-30

图 2-31

单击界面右上角的"下一步"按钮，手机会收到一条验证码，如图 2-32 所示。在注册界面中输入手机收到的 4 位数的验证码，如图 2-33 所示。

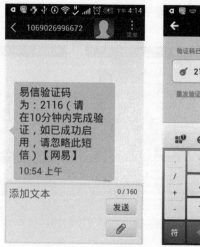

图 2-32

图 2-33

提示:易信验证码是有时间限制的,需要在10分钟内完成验证,如果超时将验证不成功。当输入验证码验证不成功时,需要单击"重发验证码"按钮,重新验证。

单击右上角的"下一步"按钮,跳转到注册页面。输入用户名和密码,如图 2-34 所示。单击右上角的"下一步"按钮,注册成功后,进入易信页面,效果如图 2-35 所示。

图 2-34

图 2-35

2.2.2 登录易信

　　如果用户已经拥有易信账号，打开易信程序时，需要登录易信才能够与好友进行聊天。

　　在手机中启动易信软件，进入易信注册和登录页面，如图 2-36 所示。单击"登录"按钮，进入易信登录界面，如图 2-37 所示。

图 2-36　　　　　　　　　图 2-37

　　提示：登录易信时，可以使用注册易信的手机号或者是注册的易信用户名进行登录，这两种登录方式都可以。

　　在登录界面中输入易信登录密码，单击界面右上角的"登录"按钮，即可开始登录易信，如图 2-38 所示。登录成功后，即可进入易信，显示易信主信息界面，如图 2-39 所示。

图 2-38　　　　　　　　　图 2-39

提示：当用户在手机中登录易信成功后，如果并没有在易信程序中退出登录状态，那么即使退出了易信软件，当下次启动易信时也会自动登录易信，而不需要每次都输入登录账号和密码。

第3章

让自己的
易信与众不同

易信可以发送图片、声音等，功能十分丰富。要想玩好易信我们必须让易信独具特色，这种特色我们可以通过了解易信的各种界面，处理好易信的各种设置开始。

3.1 易信界面说明

在设置易信之前，首先了解一下易信的界面，在手机中打开易信程序，进入易信主界面，如图 3-1 所示。其中包含了"选择好友"按钮、"通话信息栏"、"功能选项"按钮和"发起联系方式"按钮，这个界面就是易信软件的主页面，通过该界面用户可以找到最新的消息记录，选择好友聊天，进入易信的其他功能界面等。

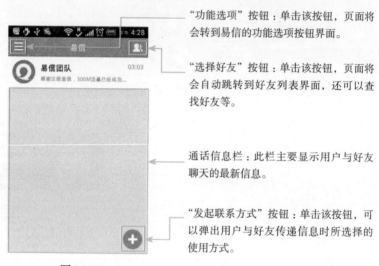

"功能选项"按钮：单击该按钮，页面将会转到易信的功能选项按钮界面。

"选择好友"按钮：单击该按钮，页面将会自动跳转到好友列表界面，还可以查找好友等。

通话信息栏：此栏主要显示用户与好友聊天的最新信息。

"发起联系方式"按钮：单击该按钮，可以弹出用户与好友传递信息时所选择的使用方式。

图 3-1

3.2 设置个人信息

在易信主界面，单击左上角的三横杠"功能选项"按钮，在易信界面中会弹出一些不同功能选项按钮，如图 3-2 所示，单击"设置"按钮，可以进入易信软件的"设置"界面，如图 3-3 所示。

在"设置"界面中单击"个人信息"选项，进入"个人信息"界面，如图 3-4 所示。在该界面中显示用户的个人信息，并且可以对个人信息进行设置。

3.2.1 头像设置

单击"头像"选项，在界面下方弹出头像设置的相关选项，如图 3-5 所示。个人头像设置有两种方法，分别是"拍摄"和"从相册选择"相应的图像作为个人头像。

图 3-2

图 3-3

图 3-4

"后退"按钮：单击该按钮，退出头像修改界面。

"头像"：头像图标。

"拍摄"：单击该按钮，自动打开手机的拍照功能。

"从相册选择"：单击该按钮，可以打开手机相册，可以从相册中选择相应的图像。

图 3-5

单击"拍摄"按钮，打开手机自带的照相机，照相机镜头对准要拍的物体，如图 3-6 所示。

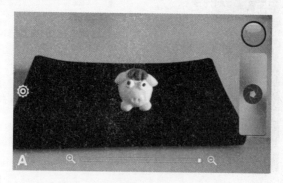

图 3-6

调整镜头到合适位置，单击照相机的拍摄键，拍摄照片，如图 3-7 所示。

单击该按钮，即可拍摄照片。

单击该按钮，可以重新拍摄照片。

图 3-7

提示：不同品牌的手机内置的拍照功能选项可能不同，界面也会有所不同，但是操作方法基本相同。

完成照片的拍摄，自动返回易信并切换到调节头像图片区域界面中，如图 3-8 所示。

单击"确定"按钮，完成个人头像的设置，效果如图 3-9 所示。

设置个人头像的第二种方法是从相册中选择合适的图片。单击"从相册选择"按钮，打开手机相册，如图 3-10 所示。选择自己喜欢的照片，如图 3-11 所示。

提示：个人头像图片来源主要有手机拍摄、网上直接下载、或者是通过 Photoshop 等图像处理软件绘制图像。

方框：表示该头像图片的区域。可以
通过手指向上或上下滑动改变图片位
置，确定图片作为头像的区域。

"取消"按钮：单击"取消"按钮，
取消该头像的区域设置。

"确定"按钮：单击"确定"按钮，
确定该头像区域的设置。

图 3-8

图 3-9

图 3-10

图 3-11

　　单击选择的图片，跳转到调节个人头像区域界面，在该界面中可以设置头
像所需要使用的图像区域，如图 3-12 所示。单击"确定"按钮，完成个人头像
的设置，效果如图 3-13 所示。

图 3-12　　　　　　　图 3-13

3.2.2 个人主页背景设置

在"个人信息"界面单击"个人主页背景设置"按钮，在界面下方弹出个人主页背景设置的相关选项，如图 3-14 所示。单击"拍摄"按钮，打开手机自带的照相机，调整镜头到合适位置，单击照相机的拍摄键，拍摄照片，如图 3-15 所示。

图 3-14　　　　　　　图 3-15

完成照片的拍摄，返回易信并自动切换到调节个人主页背景区域界面，可以在该界面中设置需要作为个人主页背景的图像区域，如图 3-16 所示。单击"确定"按钮，完成个人主页背景的设置，效果如图 3-17 所示。

完成个人主页背景的设置后，在易信朋友圈界面中可以看到所设置的个人主页背景，如图 3-18 所示。

图 3-16 　　　　　　　　　　图 3-17 　　　　　　　　　　图 3-18

设置个人主页背景的第二种方法是从相册中选择合适的图片。单击"从相册选择"按钮，打开手机相册，如图 3-19 所示。选择自己喜欢的照片，如图 3-20 所示。

图 3-19 　　　　　　　　　　　　图 3-20

单击选择的图片，跳转到调节个人主页背景区域界面，如图 3-21 所示。单击"确定"按钮，即可使用刚刚选择的图像作为个人主页背景，如图 3-22 所示。

完成个人主页背景的设置后，在易信朋友圈界面中可以看到所设置的个人主页背景，如图 3-23 所示。

图 3-21

图 3-22

图 3-23

3.2.3 名字

在"个人信息"界面中单击"名字"选项，切换到"名字"界面，可以修改易信中用户名，如图 3-24 所示。完成易信用户名的修改后，单击"保存"按钮即可。

"后退"按钮：单击"后退"按钮，退出"名字"修改界面。

"保存"按钮：单击"保存"按钮，可以保存对易信用户名的设置和修改。

名字输入框：输入自己的名字，名字可以是字母、汉字、数字或符号等。

图 3-24

3.2.4 性别

在"个人信息"界面单击"性别"选项，可以进入"性别"设置界面，如图 3-25 所示。在该界面中的"男"和"女"选项中选择一个性别后，单击"后退"按钮，即可完成性别的设置。

"后退"按钮：单击"后退"按钮，退出"性别"设置界面。

性别选择按钮：单击性别按钮，即可选择相应的性别。

图 3-25

提示：性别按钮颜色变深为选中状态，颜色如果未变则为没有选中。

3.2.5 地区

在"个人信息"界面单击"地区"选项，可以切换到"选择地区"界面，如图 3-26 所示，在该界面中可以设置用户所在的地区。

图 3-26

提示：由于手机屏幕大小的限制，其他省份名称可以通过滑动手机屏幕加以选择，选择不同城市也是同样的道理。

3.2.6 个性签名

在"个人信息"界面单击"签名"选项，可以切换到"个性签名"界面中，如图 3-27 所示，在签名文本框中输入相应的文字，单击界面右上角的"保存"

按钮，如图 3-28 所示，即可完成个人签名的设置。

图 3-27　　　　　　　　　图 3-28

> 提示：易信中的个性签名有字数限制，只能输入 30 个汉字（包括标点符号）。输入过程中，签名文本框右下角有字数个数输入提示。

3.2.7 手机

在"个人信息"界面单击"手机"选项，可以切换到"绑定手机"界面，如图 3-29 所示。在"绑定手机"界面会显示当前用户的手机号，此手机号是用户在注册易信时的手机号。如果用户需要更换手机号，单击该界面中的"更换"按钮，在界面中显示输入登录密码文本框，如图 3-30 所示。

图 3-29　　　　　　　　　图 3-30

输入易信登录密码，即可对所绑定的手机号码进行修改，如图 3-31 所示。在"请输入你的手机号码"文本框中输入需要更换的手机号。单击"下一步"按钮，显示输入验证码界面，如图 3-32 所示。

图 3-31　　　　　　　　　图 3-32

提示：如果操作失误导致验证码短信误删除或者是由于其他原因导致手机无法接收到验证码短信，可以单击"重发验证码"链接，手机将会再次接收到验证码信息。

在弹出的界面文本框中输入手机所接收到的验证码，单击"完成"按钮，完成对手机号码的重新设置。

3.2.8　易信号

在"个人信息"界面单击"易信号"选项，切换到"设置易信号"界面，如图 3-33 所示。

按要求输入自己的易信号后，单击界面右上角的"保存"按钮，将会弹出提示界面，如图 3-34所示。单击"确定"按钮，将会保存用户所设置的易信号。

图 3-33　　　　　　　　　图 3-34

易信号可以作为用户登录的账号，其他易信用户可以通过此账号很方便地找到你。易信号必须为6~20并以字母开头的数字、字母组合，一般设定为用户自己比较容易记得的一串符号。易信号设定后不允许修改。

3.2.9 修改密码

在"个人信息"界面单击"修改密码"选项，可以切换到"修改密码"界面中，如图3-35所示。在"输入当前密码"的文本框中输入用户当前易信账号的登录密码，在"输入新密码"的文本框中输入需要修改的新密码，如图3-36所示。单击"确定"按钮，完成对易信账号密码的修改。

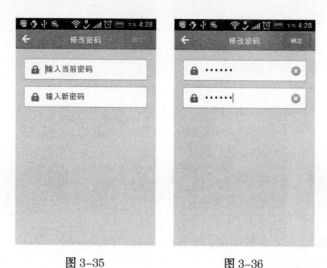

图3-35　　　　　　　　　　图3-36

3.2.10 绑定翼聊

在"个人信息"界面单击"翼聊"选项，可以切换到"绑定翼聊"界面，如图3-37所示。在该界面中可以将易信与翼聊绑定，用户可以通过易信和翼聊中的好友聊天。在"请输入密码"文本框中输入用户的"翼聊"密码，如图3-38所示。

单击"绑定翼聊"界面右上角的"添加"按钮，弹出的界面如图3-39所示。这样就可以和翼聊中的好友聊天了。当然用户也可以单击"解除绑定"按钮，取消易信与翼聊的绑定。

图 3-37　　　　　　　　图 3-38　　　　　　　　图 3-39

3.3　二维码名片设置

二维码名片将传统名片与二维码的结合，它包含了用户名片上应有的个人信息，只要拿手机扫一下你的二维码名片就可以一键录入用户的个人姓名、手机号和公司地址等信息。本节将向读者介绍手机易信软件中的二维码名片设置。

在手机中打开易信软件，单击左上角的三横杠"功能选项"按钮，在易信界面中会弹出一些不同功能的选项按钮，如图 3-40 所示。单击"设置"选项，切换到"设置"界面，如图 3-41 所示。

图 3-40　　　　　　　　图 3-41

单击"二维码名片"选项，切换到"二维码名片"界面，如图 3-42 所示。

项目按钮：单击该按钮，会弹出二维码名片的相关设置按钮。

二维码名片界面：这里主要显示易信用户个人的二维码名片。

二维码名片外观设置按钮：单击该按钮，会更改二维码名片的外观。

图 3-42

单击"二维码名片"界面右上角的 3 个圆点项目按钮，在界面中会弹出三种二维码名片的设置按钮，如图 3-43 所示。单击"保存到本地"按钮，二维码名片会自动保存到手机 picture 文件夹中。单击"重置二维码名片"按钮，弹出提示对话框，如图 3-44 所示，单击提示对话框中的"确定"按钮，可以重置当前所生成的二维码名片，生成新的二维码名片，单击提示对话框中的"取消"按钮，则会结束此操作。单击"取消"按钮，则会返回到"二维码名片"界面。

图 3-43

图 3-44

　　单击"二维码名片"界面中的"外观设置"按钮，会显示出不同外观的二维码效果，如图 3-45 所示。可以单击"外观设置"按钮，不断更换二维码名片的外观直到自己满意。

图 3-45

第4章

易信的基本
设置与实用工具

易信的个性化定制需要通过基本设置实现，可以依据自己的个性完成对易信的一些设置。易信的实用工具为易信用户提供了"电话留言""免费短信"和"国际漫游电话"三项功能，此外还可以通过易信绑定邮箱直接发送邮件等。

4.1 易信的提醒设置

在手机中打开易信软件，单击易信主界面左上角的三横杠"功能选项"按钮，在界面左侧显示易信的功能选项按钮，如图 4-1 所示。单击"设置"按钮，切换到"设置"界面，如图 4-2 所示。

图 4-1 图 4-2

单击"提醒设置"选项，切换到"提醒设置"界面，如图 4-3 所示。

"开启新消息提醒"按钮：设置当易信接收到信息时是否提示。

"免打扰"按钮：可以设置易信在某一段时间不受打扰。

"通知不显示详情"按钮：设置当易信来消息时通知的情况。

"响铃"按钮：设置易信接收消息时的提醒方式。

"震动"按钮：设置易信接收消息时的提醒方式。

图 4-3

提示：易信"提醒设置"界面中每一项的设置都会有一个滑动按钮控制，滑动按钮变为绿色等同于选择了确定按钮，变为灰色表示选择了取消按钮。

　　"开启新消息提醒"按钮默认为开启状态，也就是"易信"软件系统默认选择了"确定"按钮。当用手指滑动"开启新消息提醒"后面的滑动按钮时，界面如图4-4所示。当滑动"开启新消息提醒"按钮时，理论上等同于选择了"取消"按钮，取消了开启新消息提醒。在实际使用这款软件时，建议开启新消息提醒功能以便获取最新消息。

　　在开启新消息提醒按钮的前提下返回"提醒设置"界面，单击"免打扰"选项，切换到"免打扰"界面，如图4-5所示。易信"免打扰"功能系统默认为未设置状态。用户可以使用滑动按钮开启易信的免打扰模式，开启"免打扰"选项后的界面效果如图4-6所示。

图4-4

图4-5

图4-6

　　在"免打扰"设置开启的界面，用户可以选择免打扰时间段的开始时间，单击"从"这一栏的选项，可以使用手指滑动下面的两个分别代表时间的"时"和"分"的滑轮，选定好时间后，界面如图4-7所示。用同样的方法设置好易信消息免打扰的截止时间，界面如图4-8所示。

　　设置好"免打扰"模式的时间界面后，单击界面左上角的左向箭头"返回"按钮，完成对免打扰模式的设置。

　　返回到"提醒设置"界面，分别对"通知不显示详情"、"响铃"和"震动"进行设置，方法和"开启新消息提醒"设置是一样的。设置好这些选项后，如图4-9所示。在选择易信消息的提醒方式时，可以选择仅"响铃"的模式，也可以选择仅"震动"模式，也可以二者皆选或都不选。

图 4-7　　　　　　　　图 4-8　　　　　　　　图 4-9

4.2 全局聊天背景

　　返回到易信的"设置"界面，在该界面中单击"全局聊天背景"选项，切换到"设置聊天背景"界面，如图 4-10 所示。

从相册选择：单击该选项，可以从用户的手机相册中选择一张图片作为聊天背景。

易信系统默认背景图：该部分显示易信软件自带的背景图，也可以通过下载获得更多。

图 4-10

4.2.1 使用系统默认背景图像

　　在"设置聊天背景"界面中，聊天背景的设置可以通过两种方式，一种是在相册中选择，另一种是在易信软件自带的默认背景图中选择。在系统默认提供的聊天背景图中，用户可以单击选择任意一张图片作为用"易信"聊天时手机屏幕的背景图，图片下方的"勾"表示选中状态，如图 4-11 所示。单击其他图片，图片下方的"向下方向键"表示此图片未下载，用户可以直接单击图片完成下载并选中作为聊天背景图像，如图 4-12 所示。

　　完成聊天背景图像的设置后，在易信的聊天界面中即可看到刚刚选中的图片变为易信的聊天界面背景，如图 4-13 所示。

图 4-11　　　　　　　　图 4-12　　　　　　　　图 4-13

4.2.2 使用手机拍摄的背景图像

　　在"设置聊天背景"界面中，不仅可以使用易信提供的默认背景图像，还可以从手机相册中选择背景图像。单击"设置聊天背景"界面中的"从相册选择"选项，进入手机相册，显示所有图片的文件夹，如图 4-14 所示。从文件夹中选择要作为聊天背景的图像，如图 4-15 所示。

选择自己喜欢的图片作为聊天背景

图 4-14　　　　　　　　图 4-15

单击所选择的图片，切换到调节全局背景聊天区域页面，如图 4-16 所示。

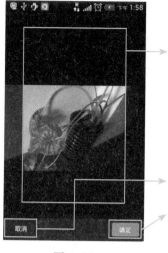

方框：表示该全局聊天背景图片的区域。可以通过手指向上或上下滑动改变图片位置，确定图片作为聊天背景的区域。

取消：单击"取消"按钮，取消全局聊天背景区域设置。

确定：单击"确定"按钮，确定全局聊天背景区域的设置。

图 4-16

双击图片，可以使图片放大，用手指滑动图片，确定图片作为全局聊天背景的区域，如图 4-17 所示。单击"确定"按钮，返回到"设置聊天背景"界面，完成全局聊天背景设置，如图 4-18 所示。

完成聊天背景图像的设置后，在易信的聊天界面中，即可看到刚刚选中的手机中的图像变为易信的聊天界面背景，如图 4-19 所示。

图 4-17

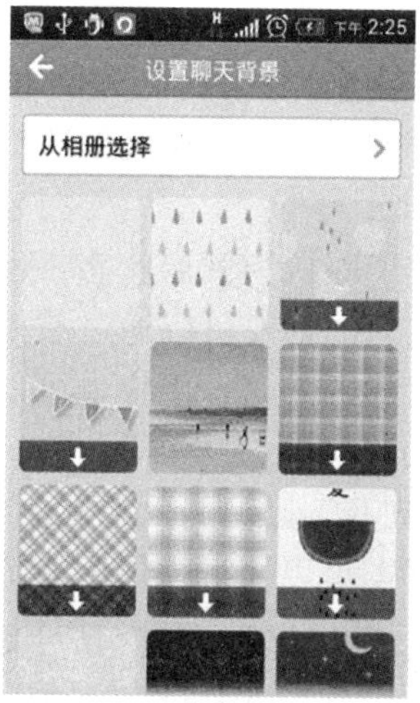

图 4-18

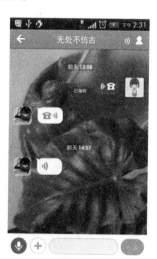

图 4-19

提示：手指双击图片，图片放大，再次双击，图片将变为默认图片大小。

4.3 隐私设置

返回到易信的"设置"界面,在该界面中单击"隐私设置"选项,切换到"隐私设置"界面,如图 4-20 所示。

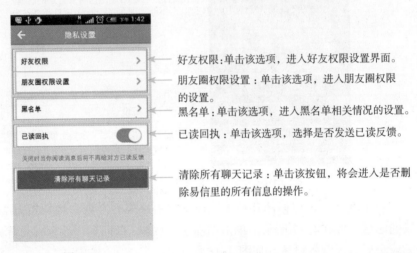

好友权限:单击该选项,进入好友权限设置界面。

朋友圈权限设置:单击该选项,进入朋友圈权限的设置。

黑名单:单击该选项,进入黑名单相关情况的设置。

已读回执:单击该选项,选择是否发送已读反馈。

清除所有聊天记录:单击该按钮,将会进入是否删除易信里的所有信息的操作。

图 4-20

4.3.1 好友权限

在"隐秘设置"界面中单击"好友权限"选项,切换到"好友权限"界面,如图 4-21 所示。在"好友权限"界面中,可以通过滑动按钮对相关的选项进行设置。

"允许通过 ID 搜索到我"默认为开启状态,也就是说在此状态下,易信用户的好友可以通过易信用户的"易信号"搜索到自己的易信,用户也可以滑动按钮,取消这一权限。

"允许通过手机号搜索到我"默认为开启状态,即在此状态下易信用户的好友可以通过易信用户的手机号搜索到自己的易信,用户也可以滑动按钮,取消这一权限。

图 4-21

"向我推荐手机通信录好友"默认为开启状态,易信软件将会自动把易信用户在手机通信录上且开通易信的好友推荐给自己,方便添加为易信好友,用户也可以滑动按钮,取消这一权限。

4.3.2 朋友圈权限

返回易信的"隐私设置"界面，单击"朋友圈权限"选项，切换到"朋友圈权限设置"界面，如图 4-22 所示。在"朋友圈权限设置"界面单击"不向对方公开我的内容"选项，切换到"阻止好友查看"界面，如图 4-23 所示。

图 4-22

图 4-23

在"阻止好友查看"界面单击右上角的"添加"按钮，界面如图 4-24 所示。

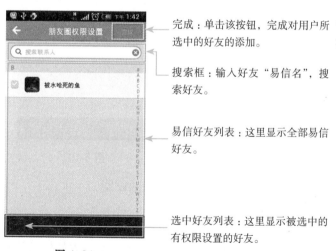

图 4-24

完成：单击该按钮，完成对用户所选中的好友的添加。

搜索框：输入好友"易信名"，搜索好友。

易信好友列表：这里显示全部易信好友。

选中好友列表：这里显示被选中的有权限设置的好友。

在界面的"易信好友列表"中单击选中想选择的不想向他公开自己内容的好友，如图 4-25 所示。被选中的易信好友的一栏将会被勾选，并且"选中好友

图 4-25

列表"会自动添加你刚选的易信好友，用户也可以通过好友列表上的搜索框搜索好友的"易信名"，进而选中，然后重复上述操作。

> 提示：为了快速选中"易信列表"中某个易信好友，可以单击手机屏幕右方排列的字母。字母代表"易信好友名"中首个字母和首个汉字的音节首字母。

单击界面右上角的"完成"按钮，完成对上述"朋友圈权限"的设置。

返回"朋友圈权限设置"界面，单击"不看对方的内容"按钮，切换到"屏蔽好友内容"界面，如图 4-26 所示。单击"添加"按钮，选择好友进行添加，操作方法与"不向对方公开我的内容"的隐私设置方法一样，如图 4-27 所示。

图 4-26

图 4-27

单击"完成"按钮，保存对朋友圈权限的设置。

4.3.3 黑名单

易信中黑名单的设置可以屏蔽黑名单列表中联系人的任何信息，包括朋友圈动态。

返回"隐私设置"界面，在界面中单击"黑名单"选项，切换到"黑名单"界面，如图 4-28 所示。单击"添加"按钮，切换到"黑名单"添加界面，选中

"易信好友"列表中的联系人，添加到黑名单，具体操作和"朋友圈"权限设置一样，如图 4-29 所示。

图 4-28

图 4-29

单击"完成"按钮，保存对易信"黑名单"的设置。

4.3.4　已读回执和清除聊天记录

返回"隐私设置"界面，如图 4-30 所示。易信的"已读回执"默认为开启状态，表示易信用户在接收并阅读到易信好友信息时会向对方发送已读反馈。可以通过滑动按钮取消这一设置。单击"隐私设置"界面中的"清除所有聊天记录"按钮，将会弹出提示对话框，如图 4-31 所示。单击"确定"按钮，将会

图 4-30

图 4-31

删除所有易信信息、免费短信和电话留言记录，单击"取消"按钮，则返回"隐私设置"界面，不执行清除操作。

4.4 实用工具

返回易信"设置"界面，单击"工具"选项，切换到"工具"界面，如图 4-32 所示。

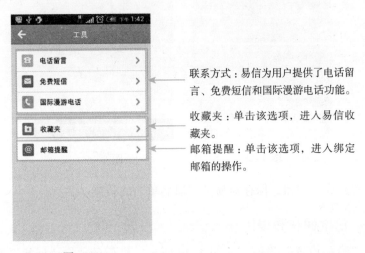

联系方式：易信为用户提供了电话留言、免费短信和国际漫游电话功能。

收藏夹：单击该选项，进入易信收藏夹。

邮箱提醒：单击该选项，进入绑定邮箱的操作。

图 4-32

4.4.1 电话留言

在"工具"界面单击"电话留言"选项，显示免费电话功能的提示介绍信息，如图 4-33 所示。单击"知道了"按钮，进入电话留言界面，如图 4-34 所示。

图 4-33

图 4-34

在电话留言界面单击"发起留言"按钮，切换到选择联系人界面，如图 4-35 所示。在易信通信录列表中寻找发起电话留言的联系人或直接在搜索框中搜索联系人的名字，单击选中电话留言对象后，界面如图 4-36 所示。

图 4-35　　　　　　　　　图 4-36

单击"按住说话"按钮，就可以给选中的联系人留言了。用户也可以在"免费短信"文本框中单击，输入短信信息向联系人发送短信。如果用户所选择通信录上的联系人不是你的易信好友，可以单击"邀请"按钮，邀请其注册成为易信用户。

提示："电话留言"功能可以给易信好友和手机通信录上的任意大陆手机号码发送电话留言，对方无须是易信用户，易信的电话留言一天的上限是 5 条，超过后将无法进行留言发送，接收方如超过 10 条留言未读，则无法向其继续发送电话留言。

4.4.2　免费短信

在"工具"界面单击"免费短信"选项，显示免费短信功能的提示介绍信息，如图 4-37 所示。单击"知道了"按钮，切换到免费短信界面，如图 4-38 所示。

在免费短信界面单击"发送消息"按钮，切换到选择联系人界面，如图 4-39 所示。在易信通信录列表中寻找发起消息的联系人或直接在搜索框搜索联系人的名字，单击选中免费发送短信的对象后，界面如图 4-40 所示。

在"免费短信"文本框内输入文字，单击"免费短信"文本框右侧的"发送"按钮，即可向对象发送短信。用户也可以单击"免费短信"文本框右侧的电话图标，切换到电话留言界面，向对方转送电话留言。

图 4-37　　　　　　　　　　　图 4-38

图 4-39　　　　　　　　　　　图 4-40

提示："免费短信"功能可以给易信好友和手机通信上的任意大陆手机号码发送免费短信，对方无须是易信用户。免费短信每天 50 条，如果超过上限，iOS 会显示红叉表示提醒，Android 会有提醒。

4.4.3 国际漫游电话

　　在易信的"工具"界面单击"国际漫游电话"选项，切换到"图际漫游电话"界面，如图 4-41 所示。单击"拨打国际漫游电话"按钮，和发送"电话留言"一样，选中通信录中的联系人，如图 4-42 所示，单击联系人后弹出提示对话框，如图 4-43 所示。

图 4-41   图 4-42   图 4-43

> 提示：由于易信功能的限制，只有身处国外和港澳台的易信用户才可以使用"国际漫游电话"这项功能，向国内用户拨打国际漫游电话。

4.4.4 收藏夹

在易信的"工具"界面单击"收藏夹"选项，切换到"收藏"界面，如图 4-44 所示。界面出现易信用户所收藏的文字或图片。在搜索框中输入易信用户联系人的名字，可以搜索到易信用户对该联系人聊天信息收藏的文字和图片，界面如图 4-45 所示。

图 4-44   图 4-45

单击所收藏的文字和图片，可以进入该条文字和图片的"详情"界面，如图 4-46 所示。单击"详情"界面右上角的 3 个小圆点按钮，可以在界面下方弹出功能选项，如图 4-47 所示。

图 4-46   图 4-47

单击"转发给好友"按钮，切换到"选择转发对象"界面，如图 4-48 所示。单击选择需要转发的对象或搜索需要转发的对象，在弹出的如图 4-49 所示的界面中选择是否发送，单击"确定"按钮，将该条信息发送给所选择的转发对象。

图 4-48   图 4-49

如果要选择的转发对象多于一个人，可以在"详情"界面单击"选择群聊"选项，界面如图 4-50 所示。选中要转发的对象，如图 4-51 所示。单击界面右上角的"完成"按钮，弹出提示对话框，如图 4-52 所示，单击"确定"按钮，即可向选择的多个联系人转发所选择的信息。

图 4-50　　　　　　　图 4-51　　　　　　　图 4-52

4.4.5 邮箱提醒

易信聊天软件最多可以绑定 5 个邮箱，绑定后，易信能及时通知有新邮件到达，还可以直接查阅和回复邮件。

在易信的"工具"界面中单击"邮箱提醒"按钮，切换到邮箱提醒设置界面，如图 4-53 所示。单击"添加邮箱"选项，切换到"添加邮箱账号"界面，如图 4-54 所示。

图 4-53　　　　　　　图 4-54

在"添加邮箱账号"界面输入邮箱账号和邮箱密码，格式如图 4-55 所示。易信目前支持的邮箱有 163、126、yeah、189 和 188 邮箱。输入账号和密码后单击"添加"按钮，返回"邮箱提醒"界面，完成邮箱的添加，如图 4-56 所示。

图 4-55   图 4-56

单击"邮箱提醒"界面中的其中一个已绑定邮箱的账号,切换到"邮箱设置"界面，在该界面中可以对所绑定的邮箱进行设置，如图 4-57 所示。

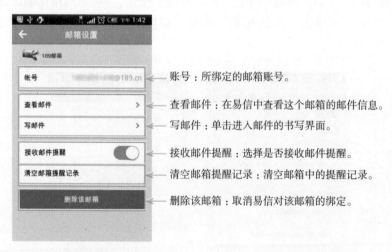

图 4-57

在"邮箱设置"界面单击"查看邮件"选项,进入邮件查看界面,如图 4-58 所示。

写新邮件：单击该按钮，
进入邮件书写界面。

邮箱设置按钮：单击该按钮，
返回"邮箱设置"界面。

邮件内容界面：与易信绑定
的邮箱接收到的邮件。

图 4-58

单击界面右上角的"写新邮件"按钮，切换到"新邮件"界面，如图 4-59 所示。在"新邮件"界面分别输入收件人、抄送人、密送人的账号或者单击"收件人"选项后的"加号"按钮，选择收件人，如图 4-60 所示。

图 4-59　　　　　　　　　图 4-60

提示：收件人是指要发邮件给那个人的邮箱账号；抄送人是指发送邮件给收件人时顺带发送给另一个人，这里输入抄送人的邮箱账号；密送人就是发这封邮件给其他人时，希望对收件人和抄送人进行保密，这里输入密送人的邮箱账号。

在"新邮件"界面单击屏幕上的"轻触此添加文件"选项，会在界面下方弹出功能选项，如图 4-61 所示。添加的附件可以是手机上的"文件"和"照片"

等，界面如图 4-62 所示。

图 4-61　　　　　　　图 4-62

完成邮件附件的添加后，可以书写邮件的内容，完成邮件内容的书写，单击界面右上角的"发送"按钮，即可发送电子邮件。

4.5 密码锁定

返回易信的"设置"界面，单击"密码锁定"选项，切换到"密码锁定"界面，如图 4-63 所示。滑动"开启密码锁定"按钮，即可设置锁定密码，如图 4-64 所示。

图 4-63　　　　　　　图 4-64

输入需要设定的密码，完成密码的输入后再一次输入确定密码，如图 4-65 所示。输入后自动弹出"密码锁定"界面，如图 4-66 所示，密码锁定功能就设置完成了。

图 4-65

图 4-66

　　提示：密码锁定功能的主要作用是用户在打开易信软件时，必须输入所设置的密码才能够进入易信，如果没有密码则无法进入易信，便于保护个人隐私。

4.6　页面的其他设置

　　返回易信的"设置"界面，单击"意见反馈"按钮，切换到"意见反馈"界面，如图 4-67 所示。在该界面中可以填写用户对易信的意见，单击界面右上角的"提交"按钮，如图 4-68 所示，即可将意见反馈给易信。

　　在易信的"设置"界面中单击"关于"选项，切换到"关于"界面，如

图 4-67

图 4-68

图 4-69 所示。在该界面中显示易信软件相关信息，包括版本信息等，并提示用户是否更新，单击"检查更新"按钮，可以检查软件的最新更新。单击"关于"界面右上角的"协议"按钮，可以切换到"协议"界面，在该界面中显示易信的用户协议，如图 4-70 所示。

图 4-69   图 4-70

在易信的"设置"界面单击"退出登录"按钮，将退出易信的当前登录状态，返回到易信登录界面，如图 4-71 所示。

图 4-71

第 5 章

通过易信
结交新朋友

在前面的章节中已经学习了如何在手机中安装易信，注册成为易信用户，以及在易信中对个人信息进行设置等操作。接下来就可以在易信中添加好友开始聊天了。本章将向读者介绍如何使用易信结交好友的多种方法，使用户能够快速在易信中找到好友。

5.1 添加好友

易信可以通过搜索手机号／易信号、扫一扫、从手机通信录添加、好友推荐来添加好友。

首先需要登录易信，从手机桌面找到易信图标，如图 5-1 所示。单击易信图标，进入易信登录页面，如图 5-2 所示。

图 5-1   图 5-2

在登录页面输入手机号和密码登录，如图 5-3 所示。或者输入易信号和密码登录，如图 5-4 所示。

图 5-3   图 5-4

提示：用手机号或易信号登录时密码是一样的。

这里需要注意，如果是海外用户，则需要单击密码框下的"海外手机登录"选项，如图5-5所示，即可切换到海外手机号登录界面，选择所在的国家，如图5-6所示。

图 5-5   图 5-6

单击界面右上角的"登录"按钮，如图5-7所示。登录易信，进入易信主界面，如图5-8所示。

图 5-7   图 5-8

63

在易信主界面中单击右上角的人像图标，如图 5-9 所示，可以在界面右侧显示出易信联系人列表，如图 5-10 所示。

图 5-9　　　　　　　　　　图 5-10

在易信联系人列表界面中单击"添加好友"选项，即可切换到"添加好友"界面，在该界面中提供了多种添加易信好友的方式，如图 5-11 所示。

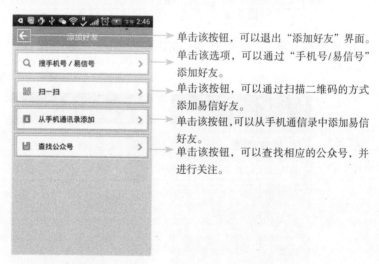

图 5-11

5.1.1　搜手机号 / 易信号

通过手机号或者易信号来查找并添加易信好友，是一种最基础的添加好友的方式，本节将向读者介绍如何使用搜索手机号或易信号的方式来添加易信好友。

在"添加好友"界面单击"搜手机号／易信号"选项，如图 5-12 所示。切换到"查找"界面中，如图 5-13 所示。

图 5-12　　　　　　　　　图 5-13

在搜索文本框中可以输入好友的易信号，如图 5-14 所示。还可以在搜索文本框中输入好友的手机号，如图 5-15 所示。

图 5-14　　　　　　　　　图 5-15

提示：如果用户使用手机号码进行搜索，则该手机号码必须已经注册成为易信用户，如果该手机号码没有注册成为易信用户，则搜索不到任何结果。

单击"查找"按钮，即可搜索到要查找的好友，如图 5-16 所示。单击"加为好友"按钮，弹出"发送好友申请"对话框，在文本框中输入添加好友的验证信息，如图 5-17 所示。单击"发送"按钮，需要等待好友的验证通过才能加为好友，如图 5-18 所示。

图 5-16

图 5-17

图 5-18

提示：好友添加规则是怎么样的？

（1）单向好友：添加者 A 手机通信录内有被添加者 B 手机号码，A 添加 B，B 将出现在 A 的易信好友里，无须 B 验证。

（2）双向好友：在 A 添加 B 为易信好友后，B 也添加了 A，成为双向好友，无须 A 验证。

（3）需验证的好友：添加者 A 手机通信录内无被添加者 B 的手机号码，当 A 添加 B 时，只有 B 通过验证才能互为好友（双向好友）。

5.1.2 扫一扫

易信中的扫一扫指的是扫描二维码，二维码主要包括个人易信账号，用户可以通过扫描别人的二维码添加好友，扫描群组的二维码加入多人会话。

在"添加好友"界面中单击"扫一扫"选项，如图 5-19 所示。切换到扫描二维码界面，将二维码扫描框对准需要扫描的二维码，如图 5-20 所示。易信会自动扫描二维码，扫描成功后，自动切换到该二维码的用户资料页面中，如图 5-21 所示。单击"加为好友"按钮，即可将该用户加为易信好友。

图 5-19

图 5-20

图 5-21

> 提示：如果在扫描二维码界面中单击下方的"扫描相册图片"按钮，即可切换到手机默认相册文件夹中，选择需要扫描的二维码图像，同样可以弹出该二维码用户界面，可以添加好友。

　　如果在扫描二维码界面中，扫描的是易信公众号二维码图像，如图 5-22 所示。则扫描成功后，会自动切换到该公众号介绍界面，如图 5-23 所示。单击"关注"按钮，即可关注该公众号。

图 5-22　　　　　　　　　　图 5-23

5.1.3 从手机通信录添加

　　易信添加好友可以直接从手机通信录中添加，这样就免去了记住好友账号，也不会出现输错好友账号，从而导致加不上的情况。

　　在"好友添加"界面中单击"从手机通信录添加"选项，如图 5-24 所示。

即可切换到"手机通信录"界面，在该界面中显示了所有手机通信录中的人名，如图 5-25 所示。

图 5-24   图 5-25

可以看到最上边的 4 个电话号码右边有"添加"按钮，如图 5-26 所示，这说明最上边的 4 个号码已经注册成为易信用户，单击"添加"按钮，等待好友的验证，验证通过就可以加为好友了，如图 5-27 所示。

图 5-26   图 5-27

在靠近下方的电话号码右边是"邀请"按钮，如图 5-28 所示，说明这些电话号码还没有注册成为易信用户。单击"邀请"按钮，弹出"短信发送"页面，如图5-29所示。单击"发送"按钮，短信发送成功后，你的好友可以收到短信。

图 5-28　　　　　　　　　　图 5-29

提示：单击"邀请"按钮后，会以短信方式给对方发送易信下载地址，对方安装注册后，就能互加好友了。

5.1.4 查找公众号

通过查找公众号可以找到用户需要关注的公众号，公众号的查找有两种方法，一种是输入公众号，另一种是输入公众号关键词。

在"添加好友"界面单击"查找公众号"选项，如图5-30所示。可以切换到"公众号搜索"界面，如图5-31所示。

在搜索文本框中输入需要关注的公众号，如图5-32所示。单击"搜索"按钮，即可搜索到该公众号，如图5-33所示。

图 5-30　　　　　　　　　　图 5-31

图 5-32　　　　　　　　图 5-33

在搜索到的公众号上单击，即可进入该公众号的介绍界面，如图 5-34 所示。单击"关注"按钮，即可关注该公众号，如图 5-35 所示。如果用户不想再接收该公众号群发的推送消息时，可以滑动"不接收推送信息"滑块，当滑块区域为绿色，表示设置成功，如图 5-36 所示。

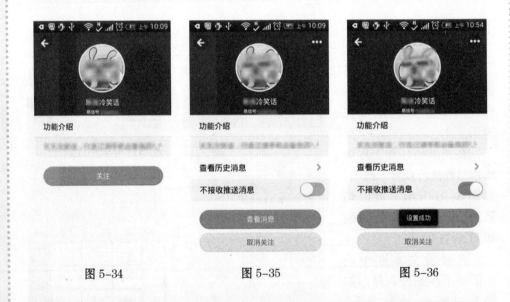

图 5-34　　　　　　　图 5-35　　　　　　　图 5-36

提示:当用户不想关注某个公众号时，单击"取消关注"按钮，即可取消对该公众号的关注，同时用户将不会收到该公众号推送的消息。

还可以输入公众号关键词查找公众号。如果用户不知道要关注的公众号是多少，则可以通过搜索关键词进行查找。

　　例如，输入关键词"冷笑话"进行搜索，会搜索到相关的公众号，如图 5-37 所示。单击需要关注的公众号，切换到该公众号的介绍界面，如图 5-38 所示。单击"关注"按钮，即可关注该公众号，如图 5-39 所示。

| 图 5-37 | 图 5-38 | 图 5-39 |

　　提示：关注公众号有两种方法，一种是输入公众号查询，这种方法属于精确查询，需要知道别人的公众号。另一种方法是输入关键词，这种属于模糊查询，不需要知道别人的公众号。

5.1.5 好友推荐

　　在易信中还提供了好友推荐功能，同样可以使用该功能添加易信好友。

　　进入易信主界面，单击界面右上角的人像图标，如图 5-40 所示。在界面右侧显示易信好友列表，可以看到"好友推荐"选项，如图 5-41 所示。

　　单击"好友推荐"选项，切换到"好友推荐"

| 图 5-40 | 图 5-41 |

界面，在该界面易信会自动列出推荐的好友，如图 5-42 所示。单击相应用户名右侧的"添加"按钮，即可添加该好友，如图 5-43 所示。

图 5-42   图 5-43

提示："好友推荐"会推荐手机通信录中已经注册过易信的好友。

5.2 管理易信好友

在易信中添加了好友后，为了更加方便地管理易信好友，可以为好友设置备注、朋友圈权限、列入黑名单和设为星标好友等操作。本节将向大家介绍在易信中如何对易信中的好友进行管理。

5.2.1 查看易信好友

在易信中添加好友后，在哪里查看好友是否添加成功呢？在手机中打开易信软件，进入易信主界面，如图 5-44 所示。单击界面右上角的人像图标，在界面右侧显示易信好友列表，如图 5-45 所示。

通过手指向上或向下滑动屏幕，可以查看所有的易信好友，在易信软件的最下方会显示有多少易信好友，如图 5-46 所示。当易信好友很多时，如果通过一页一页下翻查找，实在太麻烦了。在这里可以输入好友的姓名，如图 5-47 所示。或者是好友姓名拼音音节的第一个字母，如图 5-48 所示，很快就能找到好友。

图 5-44　　　　　　　　　图 5-45

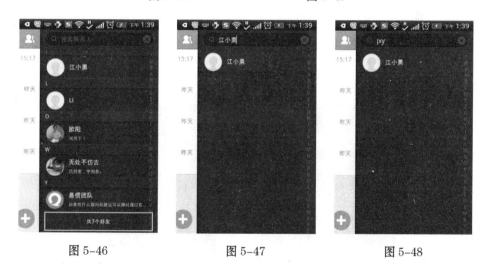

图 5-46　　　　　　　图 5-47　　　　　　　图 5-48

> 提示：查找好友时，可以输入好友名字中的一个字或者姓名拼音任意音节的第一个字母，这样模糊查询会出来很多选项，选择要查找的好友即可。这种方法适合好友不是很多时使用。

5.2.2 设置星标好友

在易信中可以将非常要好的易信好友或重点的易信好友设置为星标好友。星标好友会出现在易信好友列表的顶部位置，置于所有普通易信好友之前，方便易信用户的查找和选择，如图 5-49 所示。

将好友设置为星标好友有三种方法。

此处显示的为标星好友，显示在所有
普通易信好友之前。

普通易信好友。

图 5-49

第 1 种方法，在易信好友列表中，按住需要设置为标星的好友名称不放，
在界面下方显示出功能操作按钮，如图 5-50 所示。单击"设为星标好友"按钮，
即可将此好友设置为星标好友。可以看到设置的该好友在好友列表中置于顶部，
如图 5-51 所示。

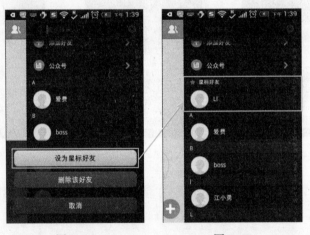

图 5-50   图 5-51

那么如何取消星标好友呢？与设为星标好友一样，长时间按住需要设置的
好友名称，在界面下方显示功能操作按钮，如图 5-52 所示。单击"取消星标好
友"按钮，即可将该好友取消星标好友，恢复为普通好友，如图 5-53 所示。

第 2 种设为星标好友的方法，单击需要设为星标的好友，进入好友信息界面，
如图 5-54 所示。单击背景图右下角的五角星图标，就可以将该好友设置为星标
好友，如图 5-55 所示。再次单击背景图右下角的五角星图标，可以取消该好友
的星标设置，如图 5-56 所示。

图 5-52　　　　　　　　　　图 5-53

图 5-54　　　　　　　　图 5-55　　　　　　　　图 5-56

　　第 3 种设为星标好友的方法，单击需要设为星标的好友，进入好友资料页面，如图 5-57 所示。单击界面右上角的三个圆点图标，在界面下方显示功能操作按钮，如图 5-58 所示。

　　单击"设为星标好友"按钮，即可将该好友设置为星标好友，如图 5-59 所示。如果要取消星标好友，则可以单击界面右上角的三个圆点图标，在弹出的功能操作按钮中单击"取消星标好友"按钮，如图 5-60 所示，即可取消星标好友，如图 5-61 所示。

　　提示：设为星标好友和取消星标好友都有 3 种方法，读者可以根据自己喜好，随便选择哪一种进行相应的设置就可以了。

图 5-57

图 5-58

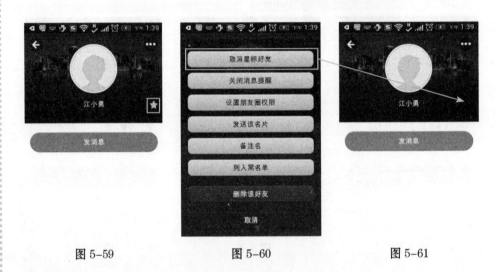

图 5-59 　　　　　　　图 5-60 　　　　　　　图 5-61

5.2.3 消息提醒

　　当不方便及时查看易信好友发的消息，又不想错过对方发的消息时，可以开启"关闭消息提醒"功能。当好友来消息时，就不会有消息提示声音了。

　　在易信好友列表中单击需要设置"消息提醒"功能的好友，如图 5-62 所示。切换到该好友的介绍界面，如图 5-63 所示。

　　单击界面右上角的三个圆点图标，在界面下方显示功能操作按钮，如图 5-64 所示。单击"关闭消息提醒"按钮，设置完成后，当该好友发送消息时，就不会有声音或震动提醒，但是当用户打开易信软件时，可以看到该好友发送的消息提醒，如图 5-65 所示。

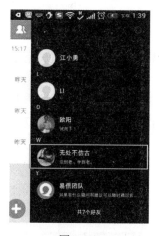

图 5-62

图 5-63

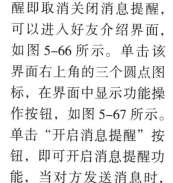

图 5-64

图 5-65

如果需要开启消息提
醒即取消关闭消息提醒，
可以进入好友介绍界面，
如图 5-66 所示。单击该
界面右上角的三个圆点图
标，在界面中显示功能操
作按钮，如图 5-67 所示。
单击"开启消息提醒"按
钮，即可开启消息提醒功
能，当对方发送消息时，
就会有声音或震动提示。

图 5-66

图 5-67

5.2.4 设置朋友圈权限

通过设置朋友圈权限可以实现不向某个好友公开我的内容，也可以实现不看某个好友发布的内容。

如果需要设置某个易信好友的朋友圈权限，可进入该好友的介绍界面，如图 5-68 所示，单击该界面右上角的三个圆点图标，在界面下方显示功能选项按钮，如图 5-69 所示。

图 5-68

图 5-69

单击"设置朋友圈权限"按钮，进入朋友圈权限设置界面，如图 5-70 所示。通过手指滑动"不向对方公开我的内容"选项后的滑块，滑块区域为绿色时表示开启了"不向对方公开我发布的内容"功能，如图 5-71 所示。当再次用手指滑动滑块时，滑块区域为灰色，表示对方可以查看我发布的消息，如图 5-72 所示。

图 5-70

图 5-71

图 5-72

通过手指滑动"不看对方内容"选项后的滑块，滑块区域为绿色时表示开启了"不看对方内容"功能，如图 5-73 所示。在朋友圈中，将看不到该好友发布的内容，如图 5-74 所示。

图 5-73　　　　　　　图 5-74

返回"朋友圈权限设置"界面，当再次用手指滑动滑块时，滑块区域为灰色，代表用户可以查看到对方发布的消息，如图 5-75 所示。在朋友圈中，可以看到该好友发布的内容，如图 5-76 所示。

图 5-75　　　　　　　图 5-76

5.2.5 发送该名片

名片包含个人易信账号和资料，将名片发给易信好友后，该好友直接单击名片就可以加对方为好友。

如果需要发送好友名片，可以进入该好友介绍界面，如图 5-77 所示。单击该界面右上角的三个圆点按钮，在界面下方显示功能操作按钮，如图 5-78 所示。

图 5-77   图 5-78

单击"发送该名片"按钮，切换到"选择联系人"界面，如图 5-79 所示。选择好友，将该名片发送给他，发送成功后，效果如图 5-80 所示。

图 5-79   图 5-80

当好友登录易信时，可以看到用户发送的易信名片，如图 5-81 所示。单击该名片，可以看到该名片包含的个人易信账号和资料，如图 5-82 所示。单击"加为好友"按钮，弹出"发送好友申请"对话框，如图 5-83 所示，单击"发送"按钮，需要等待好友的验证通过，才能加为好友。

图 5-81　　　　　　　　　图 5-82　　　　　　　　　图 5-83

5.2.6　备注名

每个人在使用易信号时，总要为自己取一个非常有个性的名字，如果在易信好友列表中有许多易信好友时，要区分出谁是谁真不是件容易的事。所以有必要给比较重要的好友备注一个自己的给他取的名字。

如果需要为好友添加备注名，可以进入该好友介绍界面，如图 5-84 所示。单击该好友界面右上角的三个圆点图标，在界面下方显示功能操作按钮，如图 5-85 所示。

图 5-84　　　　　　　　　图 5-85

单击"备注名"按钮，切换到"备注名"界面，在文本框中输入该好友的备注名称，如图 5-86 所示。单击"保存"按钮，注备名保存成功后，会自动跳

到该好友介绍界面，易信号上面的名字变成刚修改的备注名，如图 5-87 所示。

图 5-86   图 5-87

5.2.7 黑名单

黑名单可以让用户永远避免被某人打扰，把某个好友加到黑名单以后，就无法给对方发消息，对方发送的消息也收不到，除非将对方从黑名单列表中移除。

用户将某个好友加入黑名单后，在用户的易信中，该好友在黑名单列表中，但是在对方的易信中，用户的号仍在原来位置，事实上，他给你发送消息，也会被易信后台的程序拦截，不能发送成功。在易信后台程序中，你在他的好友列表中已经不存在了，所以他发给你的消息是永远收不到的。

如果需要将某个易信好友加入黑名单，可以进入该好友介绍界面，如图 5-88 所示。单击该界面右上角的三个圆点图标，在界面下方显示功能操作按钮，如图 5-89 所示。

图 5-88   图 5-89

单击"列入黑名单"按钮，在界面下方弹出功能提示信息，如图 5-90 所示。单击"确定"按钮，即可将该好友加入到黑名单中，在易信好友列表中也看到该好友，如图 5-91 所示。

图 5-90　　　　　　　　　图 5-91

提示：A 将 B 列入黑名单，A 将无法给 B 发消息、免费短信和电话留言，不能将其拉入多人会话，不会在朋友圈首页看到 B 的状态和评论；B 仍能给 A 发送消息、免费短信和电话留言，但是 A 不会收到，B 无法将 A 拉入多人会话，会提示 A 拒绝加入，同时无法看到 A 在朋友圈首页的动态及评论。

那么如何将好友从黑名单中移出呢？返回易信主界面，单击界面左上角的三条横杠图标，在界面左侧显示功能选项，如图 5-92 所示。单击"设置"选项，进入"设置"界面，如图 5-93 所示。

图 5-92　　　　　　　　　图 5-93

单击"隐私设置"选项,进入"隐私设置"界面,如图 5-94 所示。单击"黑名单"选项,进入"黑名单"界面,如图 5-95 所示。单击"解除"按钮,在好友列表中会自动添加该好友,该好友从黑名单中成功移除,如图 5-96 所示。

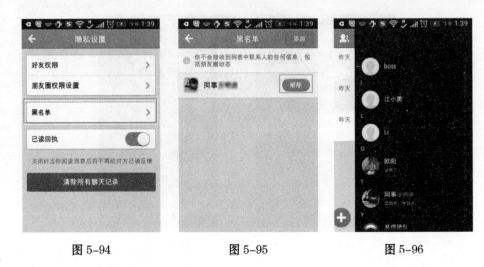

图 5-94   图 5-95   图 5-96

5.2.8 删除好友

删除好友与拉黑好友的区别在于删除好友后可以收到对方发送的消息,拉黑后就收不到对方发送的任何消息。相同之处是该好友会从好友列表中删除。

如果需要删除易信中的某个好友,可以进入该好友介绍界面,如图 5-97 所示。单击该界面右上角的三个圆点图标,在界面下方弹出功能操作按钮,如图 5-98 所示。

图 5-97   图 5-98

单击"删除该好友"按钮，在界面下方显示功能操作提示，如图 5-99 所示。单击"确定"按钮，可以删除该好友，该好友就不会出现在用户的易信好友列表中，如图 5-100 所示。

> 提示：在易信中删除该好友的同时，与该好友的聊天信息也会一并删除，所以如果有重要信息，一定要先记录下来。

图 5-99　　　　　　　　　　图 5-100

被删除的好友给你发消息时，在易信中是可以收到该好友发送的消息的，如图 5-101 所示。单击该消息，进入聊天界面，可以直接回复该好友，如图 5-102 所示。

如果需要恢复删除的易信好友，则需要重新添加对方为好友。

图 5-101　　　　　　　　　　图 5-102

第5章

使用易信聊天

聊天是手机即时通信软件最大的作用，也是使用最多的功能。使用易信可以像使用QQ一样，随时随地与好友进行聊天互动，并且在易信中还为用户提供了更多便捷的功能，如免费贴图表情、发送语言和视频等，使得聊天更加有趣。

6.1 发起聊天

使用易信可以与易信好友随时随地畅聊，在易信中发起与好友的聊天非常简单，只需要选择聊天的易信好友，即可开始聊天，本节将介绍如何在易信中发起聊天。

6.1.1 发起聊天

打开易信，进入易信主界面，如图 6-1 所示。单击右下角的加号按钮，弹出功能菜单，如图 6-2 所示。

图 6-1　　　　　　　图 6-2

在易信弹出的功能菜单中选择"发起聊天"选项，进入"选择联系人"界面，如图 6-3 所示。在该界面中显示了易信中的好友，可以选择需要发起聊天的好友，如图 6-4 所示。

单击界面右上角的"完成"按钮，即可与所选择的好友开始聊天，显示与所选好友的聊天界面，如图 6-5 所示。在界

图 6-3　　　　　　　图 6-4

面下方的圆角矩形文本框中单击并输入相应的信息，如图 6-6 所示。

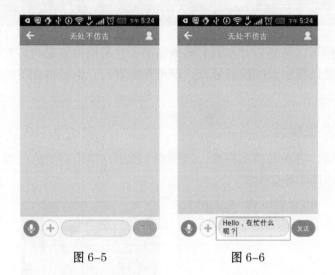

图 6-5   图 6-6

    输入完成后，单击界面右下角的"发送"按钮，即可向好友发送文字信息，如图 6-7 所示。当发送的信息被对方读取后，会在该条信息的左侧显示"已读"文字，如果对方正在回复，则在聊天界面中将显示对方的回复状态效果，如图 6-8 所示。对方输入完成单击"发送"按钮后，易信中即可显示对方所发来的信息，如图 6-9 所示。

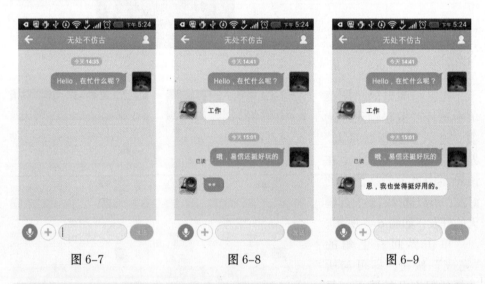

图 6-7   图 6-8   图 6-9

提示：易信中的信息已读和输入状态功能非常实用，可以清楚地了解到自己发送给对方的信息有没有被对方看到，这也是易信与众不同的功能之一。

6.1.2 聊天内容管理

在易信中与好友聊天，还可以对聊天内容进行复制、删除等相应的管理操作，本节将向大家介绍在易信中如何对聊天内容进行管理。

1. 复制信息

在需要操作的聊天信息中按住不放，会弹出相应的操作选项，如图 6-10 所示。单击"复制"选项，可以复制该条信息内容。信息内容复制后，可以在任意信息输入窗口中长按不放，将弹出功能选项菜单，选择"粘贴"选项，即可将刚刚复制的信息内容粘贴到信息输入窗口中，如图 6-11 所示。

图 6-10

图 6-11

2. 转发信息

如果在弹出的信息操作选项中选择"转发"选项，将切换到"选择转发对象"界面，如图 6-12 所示。在该界面中列出了易信中的目前已经发起的聊天，单击需要转发信息的好友名称，弹出转发信息的提示对话框，如图 6-13 所示。单击"确定"按钮，即可将信息内容转发到所选择的聊天对象中，如图 6-14 所示。

图 6-12

图 6-13

图 6-14

提示：在"选择转发对象"列表中只显示了目前已经在易信中发起过聊天的好友，如果需要将信息转发给其他好友，则需要创建新聊天。

　　如果信息转发的对象并没有在"选择转发对象"界面的列表中，可以单击"创建新聊天"选项，切换到"选择联系人"界面，选择需要转发的联系人，如图 6-15 所示。单击界面右上角的"完成"按钮，弹出转发信息的提示对话框，如图 6-16 所示。单击"确定"按钮，即可将信息内容转发到所选择的聊天对象中，如图 6-17 所示。

图 6-15

图 6-16

图 6-17

3. 收藏信息

　　如果在弹出的信息操作选项中选择"收藏"选项，将弹出"收藏成功"提示，如图 6-18 所示，即可将该信息加入个人收藏夹。进入易信个人设置界面，单击"工具"选项，如图 6-19 所示。

　　切换到"工具"界面中，如图 6-20 所示。单击"收藏夹"选项，切换到"收藏"界面中，可以看到刚刚收藏的信息，如图 6-21 所示。

图 6-18

图 6-19

图 6-20　　　　　　　　　　图 6-21

单击所收藏的信息，可以切换到"详情"界面，显示该信息的详细内容以及收藏时间等信息，如图 6-22 所示。单击"详情"界面右上角的三个圆点按钮，可以在界面下方显示相应的功能按钮,可以将该收藏信息转发给好友,如图 6-23 所示。

图 6-22　　　　　　　　　　图 6-23

如果需要删除收藏夹中所收藏的信息，可以在"收藏"界面中在需要删除的收藏信息上按住不放，弹出提示窗口，单击"删除"选项，即可将该收藏信息删除，如图 6-24 所示。

4. 删除信息

如果需要删除单条聊天信息，可以在需要删除的聊天信息上按住不放，在弹出的信息操作选项中选择"删除"选项，如图 6-25 所示。即可将该条信息删除，如图 6-26 所示。

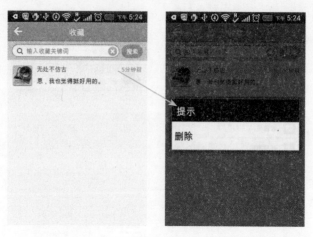

图 6-24

图 6-25   图 6-26

　　如果需要删除与该好友的全部聊天信息，可以在聊天界面中单击右上角的人像按钮，切换到"聊天信息"界面，如图 6-27 所示。单击"清空聊天记录"选项，在界面下方显示功能操作按钮，如图 6-28 所示。单击"取消"按钮，不清空聊天记录，单击"清空"按钮，即可清空当前聊天记录，返回到聊天界面中，可以看到当前的聊天记录被清空，如图 6-29 所示。

6.2　使用贴图表情

　　易信中内置了多款超萌可爱表情，丰富有趣的可爱贴图表情使得聊天更加有趣。

图 6-27	图 6-28	图 6-29

6.2.1　使用表情

在易信聊天界面中，单击信息输入框左侧的加号按钮，在界面下方显示功能选项按钮，如图 6-30 所示。单击"表情"按钮，即可切换到表情选择界面中，如图 6-31 所示。

表情区：在该部分显示当前表情库中的所有表情，可以通过滑动界面来查看所有的表情。

默认内置表情：在易信中默认内置了 4 组贴图表情，单击相应的按钮，即可在 4 组表情之间切换。

图 6-30	图 6-31

如果需要在内置的 4 组表情之间切换，单击相应的按钮即可，如图 6-32 所示。

在需要发送的贴图表情上单击，即可向好友发送该表情，如图 6-33 所示。在发送贴图表情界面中单击最下方左侧的第一个图标，可以切换到最近使用贴

图表情中,这里显示了最近使用的贴图表情,单击相应的表情即可快速向对方发送该表情,如图6-34所示。

图6-32

图6-33

图6-34

6.2.2 下载更多贴图表情

易信用户不仅可以使用内置的4组贴图表情,还可以下载更多贴图表情,并且易信所提供的贴图表情都是完全免费的。

在易信贴图表情界面中单击下方右侧最后一个图标,如图6-35所示。即可切换到"更多贴图"界面,在该界面显示了易信提供给用户免费下载使用的多组贴图表情,如图6-36所示。

图 6-35   图 6-36

  单击需要下载的贴图表情，切换到"表情信息"界面，可以看到该表情的相关介绍和表情包中的相关表情缩略图，如图 6-37 所示。单击"下载"按钮，弹出"提示"窗口，提示需要关注公众号"贴图家族"，才可以下载此表情包，如图 6-38 所示。

图 6-37   图 6-38

  单击"确定"按钮，切换到"贴图家族"公众易信号的介绍页面中，如图 6-39 所示。单击"关注"按钮，关注"贴图家族"公众易信号，如图 6-40 所示。

  单击界面左上角的右方向箭头返回按钮，返回到"表情信息"界面中，单击"下载"按钮，即可下载该表情包，并显示下载进度，如图 6-41 所示。表情包下载完成后，在界面中显示相应的提示信息，如图 6-42 所示。

图 6-39   图 6-40

图 6-41   图 6-42

单击界面左上角的右方向箭头返回按钮，返回到聊天界面中，即可看到刚下载的贴图表情包，如图 6-43 所示。单击该贴图表情包中的表情，即可向好友发送相应的表情，如图 6-44 所示。

6.2.3 贴图表情管理

如果下载了很多贴图表情包，使用起来可能会有些麻烦，所以易信还提供了表情管理功能，可以对易信中的贴图表情进行管理。

在易信贴图表情界面中单击下方右侧最后一个图标，如图 6-45 所示。即可切换到"更多贴图"界面，如图 6-46 所示。

图 6-43　　　　　　　图 6-44

图 6-45　　　　　　　图 6-46

在"更多贴图"界面单击右上角的齿轮形状按钮，即可切换到"我的贴图"界面，如图 6-47 所示。单击相应的贴图表情包名称，即可切抽到该贴图表情包的介绍界面中，如图 6-48 所示。

> 提示：如果单击右侧显示为下载图标的贴图表情包名称，同样可以切换到该贴图表情表的介绍界面中，并且在该界面中可以单击"下载"按钮来下载该贴图表情包。

在"我的贴图"界面单击右上角的"编辑"按钮，可以对所安装的贴图表情包进行管理，如图 6-49 所示。所以已经在易信中安装的贴图表情包名称右侧

将显示删除按钮，单击"删除"按钮，弹出确认删除对话框，如图 6-50 所示。

表情包名称右侧显示向右箭头图标的均为在易信中已经安装的贴图表情包。

表情包名称右侧显示下载图标的均为易信推荐下载安装的贴图表情包。

图 6-47

图 6-48

图 6-49

图 6-50

单击"确定"按钮，即可删除相应的贴图表情包，如图 6-51 所示。单击界面右上角的"完成"按钮，退出贴图表情包管理界面，单击界面左上角的右方向箭头返回按钮，返回到聊天界面中，可以看到删除的贴图表情包已经在贴图界面中消失了，如图 6-52 所示。

提示：贴图表情包会占用一定的手机内存空间，建议手机内存小的用户尽量不要安装过多的贴图表情包。

图 6-51

图 6-52

6.3 发送图片

在易信中与好友进行聊天时，还可以随时随地拍摄照片或从手机相册中选择图片发送给好友，使得聊天中的交流和沟通更加便捷。

在易信聊天界面中，单击信息输入框左侧的加号按钮，在界面下方显示功能选项按钮，如图 6-53 所示。单击"图片"按钮，在界面下方显示发送图片的功能按钮，如图 6-54 所示。

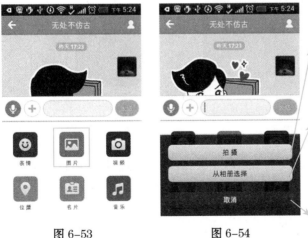
图 6-53   图 6-54

拍摄：单击该按钮，可以直接启动手机拍照功能，直接拍照并发送图片。

从相册选择：单击该按钮，可以从手机相册中选择需要发送的图片。

取消：单击该按钮，可以取消图片发送功能，返回聊天界面。

单击"拍摄"按钮，自动打开手机拍照功能，如图 6-55 所示。在手机屏幕中单击拍照按钮，即可拍摄照片，完成照片的拍摄，显示拍摄完成界面，如

图 6-56 所示。

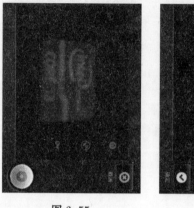

图 6-55 　　　　　　　　　　　图 6-56

　　在照片拍摄完成界面中，单击"取消"按钮，可以取消拍摄并返回到易信好友聊天界面；单击"重拍"按钮，可以取消本次拍摄的照片，重新拍摄照片；单击"确定"按钮，切换到照片发送预览界面，如图 6-57 所示。单击"确定"按钮，即可将刚刚拍摄的照片发送给正在聊天的易信好友，如图 6-58 所示。

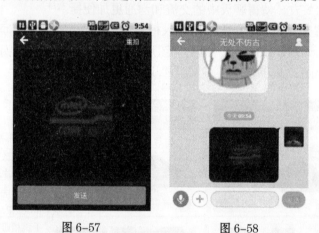

图 6-57 　　　　　　　　　　　图 6-58

　　如果在聊天界面下方单击"从相册选择"按钮，则可以打开手机默认的照片文件夹，如图 6-59 所示。在手机照片文件夹中选择需要发送的照片，即可切换到照片预览界面中，如图 6-60 所示。

　　在照片预览界面下方单击加号图标，可以重新打开手机照片文件夹，添加新的照片，如图 6-61 所示。确认需要向好友发送的照片后，单击"发送"按钮，即可将所选择的一张或多张照片发送给聊天中的好友，如图 6-62 所示。

图 6-59

图 6-60

图 6-61

图 6-62

> 提示：因为手机品牌和型号的不同，从相册中选择照片时，如果手机中有多个照片文件夹，则需要用户选择相应的照片文件夹，如果手机中只有一个默认的照片文件夹，则可以直接进入该文件夹中，选择照片。

　　在聊天界面中单击发送和接收到的图片，即可切换到图片的预览界面，如图 6-63 所示。在该界面中可以预览聊天中所收发的大图效果。

　　单击图片预览界面右上角的三个圆点图标，在界面下方显示出对该照片的相关操作按钮，如图 6-64 所示。

单击该图标，可以在界面的下方显示出对该图片的相关操作按钮。

斜杠后面的数字表示当前与好友的聊天中共接收和发送了几张图片，斜杠前面的数字表示当前浏览的是与好友的聊天中的第几张图片。例如，该图中显示当前与好友的聊天中共接收和发送了 5 张图片，当前显示的是第 5 张图片。

单击该图标，可以退出图片预览界面，返回到与好友聊天界面。

图 6-63

提示：在图片预览界面，如果当前的聊天中有多张图片，可以通过手指在手机屏幕上滑动，切换要预览的图片。

单击该图标，可以将当前预览的图片保存到手机默认的图片文本件中。

单击该图标，可以切换到"选择转发对象"界面，选择需要转发该图片的易信好友，即可以将该图片转发给其他好友。

单击该图标，可以切换到"创建内容"界面，在该界面中自动添加该图片，填写相应的信息，单击"发布"按钮，即可发布到朋友圈。

单击该图标，可以退出界面下方的相关操作按钮，不对图片进行任何操作。

图 6-64

6.4 发送视频

使用易信进行聊天时，不仅可以向对方发送图片，还可以向对方发送视频，大大增加了聊天的乐趣，便于在聊天过程中随时将精彩的视频片段与好友一起分享。

在易信聊天界面，单击信息输入框左侧的加号按钮，在界面下方显示功能选项按钮，如图 6-65 所示。单击"视频"按钮，在界面下方显示发送视频的功能按钮，如图 6-66 所示。

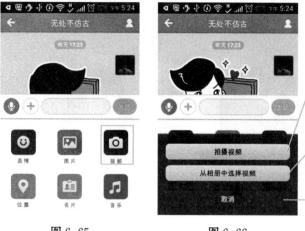

图 6-65　　　　　　　　　　图 6-66

拍摄视频：单击该按钮，可以直接启动手机拍摄功能，直接拍摄视频并发送。

从相册中选择视频：单击该按钮，可以从手机相册中选择需要发送的视频短片。

取消：单击该按钮，可以取消视频发送功能，返回聊天界面。

单击"拍摄视频"按钮，可以启用手机的摄像功能，并切换到视频录制界面，如图 6-67 所示。

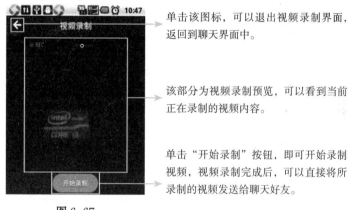

图 6-67

单击该图标，可以退出视频录制界面，返回到聊天界面中。

该部分为视频录制预览，可以看到当前正在录制的视频内容。

单击"开始录制"按钮，即可开始录制视频，视频录制完成后，可以直接将所录制的视频发送给聊天好友。

如果在聊天界面下方单击"从相册中选择视频"按钮，则可以打开手机默认的相册文件夹，并自动搜索相册中的视频文件，如图 6-68 所示。选择需要发送的视频，即可将该视频文件发送给聊天好友，如图 6-69 所示。

> 提示：目前，易信只支持接收和发送 3GP 和 MP4 格式的视频文件，其他格式的视频文件目前还不支持。

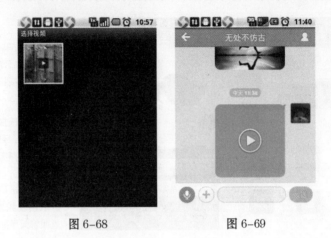

图 6-68   图 6-69

在聊天界面中单击发送或接收到的视频文件，可以切换到视频播放界面，自动播放该视频文件，如图 6-70 所示。

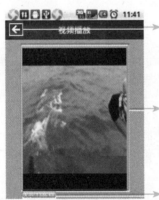

图 6-70

单击该图标，可以退出视频播放界面，返回到聊天界面中。

此处为视频播放区域，默认进入视频播放界面中，视频文件会自动播放，在视频上单击，可以暂停视频的播放，并在视频上显示播放按钮，再次单击视频文件，可以继续播放视频。

此处显示的是当前视频文件的大小。

> 提示：在易信中发送的视频短片最大支持 2MB，所以只能发送一些比较简短的视频，超过 2MB 容量的视频无法发送给对方。

6.5 发送地理位置图

为了方便告知好友当前的位置，在易信中还提供了地理位置的功能，使用该功能可以自动定位用户当前的地理位置，并可以将地址位置图发送给易信好友。

在易信聊天界面中，单击信息输入框左侧的加号按钮，如图 6-71 所示。在界面下方显示功能选项按钮，单击"位置"图标，如图 6-72 所示。

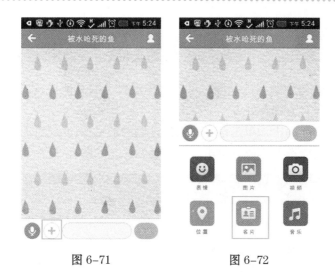

图 6-71 图 6-72

易信会自动开启定位功能，定位用户当前所在的位置，如图 6-73 所示。完成用户位置的定位搜索，切换到"地图定位"界面，显示用户当前自动定位的地图，如图 6-74 所示。单击界面右上角的"发送"按钮，即可将用户当前的地理位置图发送给好友，如图 6-75 所示。

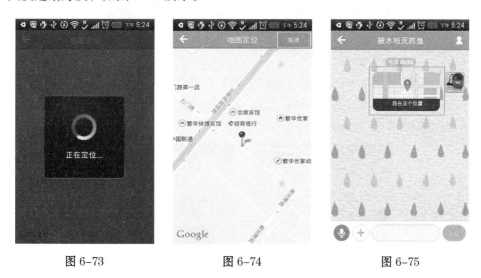

图 6-73 图 6-74 图 6-75

提示：当用户通过易信给好友发送地图位置时，手机定位用户的地理位置可能会出现偏差，这时需要用户手动在手机屏幕上移动手机定位出的位置到用户所在的实际位置。

把地理位置发送给好友时，好友单击所接收到的地理位置图，即可在大图中浏览用户所在的位置。

6.6 发送名片 ●●●●●●●●●●●●●●●●●●●●●●●●●●●●●●●●●●●●●●●

通过使用易信中的名片功能，可以将用户自己的其他好友信息发送给聊天对象，类似于向对方推荐好友。

在易信聊天界面中，单击信息输入框左侧的加号按钮，如图 6-76 所示。在界面下方显示功能选项按钮，单击"名片"图标，如图 6-77 所示。

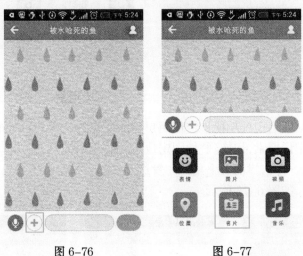

图 6-76　　　　　　　　　　图 6-77

单击"名片"图标后弹出"选择联系人"界面，从易信好友列表中选择需要发送名片的联系人，如图 6-78 所示。单击选中的联系人，发送其名片给聊天的好友，如图 6-79 所示。

图 6-78　　　　　　　　　　图 6-79

6.7 发送音乐

将优美的音乐与好友一起分享是一件非常美妙的事情，易信还提供了发送音乐功能，非常实用，这也是其他手机即时通信软件中没有的功能。

在易信聊天界面中，单击信息输入框左侧的加号按钮，如图 6-80 所示。在界面下方显示功能选项按钮，单击"音乐"图标，如图 6-81 所示。

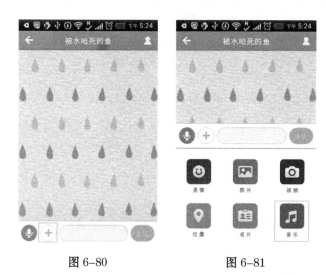

图 6-80   图 6-81

切换到"选择歌曲"界面，在该界面的搜索框中输入用户想要发送歌曲的歌曲名或歌手名，即可搜索到相应的结果，如图 6-82 所示。

图 6-82

在搜索到的歌曲列表中单击想要发送的歌曲，切换到该歌曲信息界面，如图 6-83 所示。单击界面中的"播放"按钮，将会播放这首歌曲，如图 6-84 所示。单击"发送"按钮，即可将所选择的音乐发送给聊天好友，如图 6-85 所示。

图 6-83

图 6-84

图 6-85

提示：易信发送音乐时无须下载音乐本身，只是发送了音乐索引，所以流量耗费极少。

6.8 群聊功能

易信用户可以自己创建聊天群组进行群聊，聊天的方式和单人聊天方式相似。可以对群组聊天进行设置，从而创建更好的聊天方式。

6.8.1 发起多人群聊

发起多人群聊的方法与前面介绍的发起单人聊天的方法类似，进入易信主界面，单击右下角的加号按钮，在弹出功能菜单中选择"发起聊天"选项，如图 6-86 所示。进入"选择联系人"界面，在该界面中显示了易信中的好友，可以选择需要发起群聊的多个好友，如图 6-87 所示。

单击界面右上角的"完成"按钮，即可进入群聊天界面，如图 6-88 所示。用相同的方法发送聊天信息，即可开始群聊，群聊的信息群内成员均可见，如图 6-89 所示。

提示：目前，易信中个人创建的普通群人数上限为 200 人，之后的版本可能会推出群组的升级优化功能。

图 6-86　　　　　　　　图 6-87

图 6-88　　　　　　　　图 6-89

6.8.2 群组聊天成员设置

在"群聊"界面中单击界面右上角的人像图标,可以切换到"聊天信息"界面,如图 6-90 所示。

在"聊天信息"界面中,可以显示"群聊"中的成员,如图 6-91 所示。可以单击群成员中的任意成员进行个人联系,单击群成员里想联系的成员头像,如图 6-92 所示。

单击群成员里的一个成员头像后,在打开的联系人界面中单击"发消息"按钮,如图 6-93 所示。打开与该联系人的单独聊天界面,这样用户就可以和该好友进行单独聊天了,如图 6-94 所示。

图 6-90

图 6-91

图 6-92

图 6-93

图 6-94

　　返回"聊天信息"设置界面,在"群聊成员"中单击"添加"按钮,如图 6-95 所示。切换到"邀请群成员"界面,选中易信好友列表中的其他好友,如图 6-96 所示。单击"完成"按钮,可以将选中的好友添加到"群聊"成员中,如图 6-97 所示。

图 6-95　　　　　　　　　　图 6-96　　　　　　　　　　图 6-97

　　返回"聊天信息"设置界面,在"群聊成员"中单击"移除"按钮,如图 6-98 所示。在除了群创建者之外的所有群成员头像中显示红色减号图标,如果需要将某个成员移出该聊天群,单击其头像上的红色减号图标,如图 6-99 所示。即可将该好友从群成员中移出, 如图 6-100 所示。

图 6-98　　　　　　　　　　图 6-99　　　　　　　　　　图 6-100

111

6.8.3 群名称的设置

对群成员进行设置后返回"聊天信息"界面,单击"群名称"选项,如图 6-101 所示。群名称默认为未设置状态,切换到群名片设置界面中,如图 6-102 所示。

图 6-101   图 6-102

在"给群取个名字"文本框中输入群名称,单击"保存"按钮,即可完成群名称的设置,如图 6-103 所示。返回到"聊天信息"界面,可以在"群名称"选项后看到刚刚所设置的群名称,如图 6-104 所示。

图 6-103   图 6-104

6.8.4 群二维码名片

在"聊天信息"界面中单击"群二维码名片"选项，如图 6-105 所示。切换到"群二维码名片"界面，如图 6-106 所示。在"群二维码名片"界面中可以浏览到用户当前所在群的二维码名片，易信用户可通过扫描群二维码名片立即加入该群。

图 6-105

图 6-106

提示：群二维码名片中的设置操作与个人二维码名片的设置操作相同。

6.8.5 聊天信息的其他设置

在"聊天信息"界面的下方，可以对群聊天信息进行其他设置，如图 6-107 所示。

根据易信用户的个人情况，"语音消息直接播放"的选择将决定用户在接收群成员发来的语音信息时是否愿意直接播放。"听筒模式"的选择将决定用户使用易信接收群里的语音消息时的方式。

"信息提醒"按钮默认为未开启状态，如果用户加入该群，不想被每次的信息提醒干扰，可以选择关闭"消息提醒"，但不能删除群消息。

"更换聊天背景"的操作如图 6-108 所示。其操作和易信"设置"界面中的"全局聊天背景"操作是一样的。"更换聊天背景"设置的是群聊天的背景图，它不会影响"全局聊天背景"的操作。

"保存到通信录"默认为关闭状态，如果开启，就可以把这个群组名保存到手机的通信录中，避免无意在消息列表中删除群后无法找到该群组。

单击"清空聊天记录"选项，将删除该群的聊天信息记录。

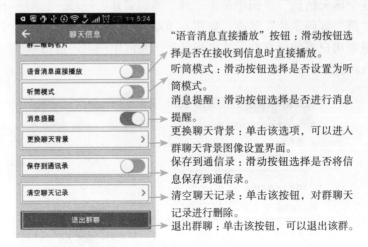

"语音消息直接播放"按钮：滑动按钮选择是否在接收到信息时直接播放。

听筒模式：滑动按钮选择是否设置为听筒模式。

消息提醒：滑动按钮选择是否进行消息提醒。

更换聊天背景：单击该选项，可以进入群聊天背景图像设置界面。

保存到通信录：滑动按钮选择是否将信息保存到通信录。

清空聊天记录：单击该按钮，对群聊天记录进行删除。

退出群聊：单击该按钮，可以退出该群。

图 6-107

单击"退出群聊"选项，将会弹出是否退出群聊的界面，如图 6-109 所示。单击"退出"按钮将会退出群组，不再接收该群消息，同时清除该群的对话记录。

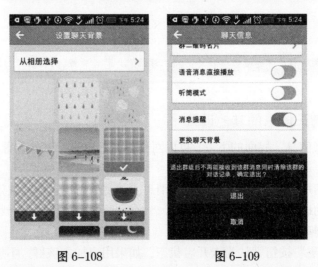

图 6-108   图 6-109

提示：在群聊天中，群创建者可以删除群内成员，其他群员只能自行退出群聊，目前不支持群成员名片和群组内的权限移交。

第7章

易信特殊
功能应用

易信除了拥有大多数手机即时通信软件的聊天功能外，还提供了语音聊天、免费短信和免费电话留言功能。特别是免费短信和免费电话留言，可以说是开创了手机即时通信软件的先河。无论对方是否为易信用户，都可以接收到易信所发送的短信或电话留言，并且还可以进行回复。本章将向读者介绍易信中的语音聊天、免费短信和电话留言功能的详细使用方法。

在易信中用户可以通过发送和接收录音来与易信好友进行信息沟通，易信采用独家降噪技术以及更高采样，语音消息更清晰，沟通起来不费力，力图还原用户的真实声音，在易信中可以根据网络环境智能切换语音质量。

7.1.1 易信的语音发送

在易信中发起与好友的聊天，打开好友聊天的界面，如图 7-1 所示。单击界面中的"录音"按钮，即可在聊天界面下方显示语音聊天的功能按钮，如图 7-2 所示。

用手指按住"按住说话"按钮，即可对着手机上的录音筒进行录音，如图 7-3 所示。录音结束后松开手指，语音会自动发送给聊天好友，如图 7-4 所示，当好友收听完语音时，界面如图 7-5 所示。

图 7-1

图 7-2

图 7-3

图 7-4

图 7-5

录音过程中如果想取消此次录音或取消发送语音，可以在按住的按钮上向上滑动，松开手指自动取消这次录音和发送，如图 7-6 所示。取消当前的语音录制和发送，则不会将该条语音信息发送给对方，如图 7-7 所示。

图 7-6　　　　　　　　　图 7-7

除了上面介绍的易信语音发送方法外，还有另外一种发送语音的方法，打开与好友的聊天界面，如图 7-8 所示。用手指双击手机屏幕两次，即可开始录制语音，如图 7-9 所示。

图 7-8　　　　　　　　　图 7-9

语音录制结束时，手指单击一次屏幕，即可直接将所录制的语音发送给对方，如图 7-10 所示。也可以在录音过程中单击界面左上角的"取消发送"按钮，如图 7-11 所示，取消此次语音录制和发送。

图 7-10 图 7-11

7.1.2 易信的语音接收

在易信语音聊天的界面中，当好友正在发送一段录音时，接收者手机上将显示对方正在录制语音的提示，如图 7-12 所示。当语音发送者结束录音并发送后，接收者手机将显示该条语音信息，如图 7-13 所示，当语音消息后的时间点上方出现红点时，表示该条语音消息未读。

图 7-12 图 7-13

单击语音信息，收听好友语音，如图 7-14 所示，语音开始播放，语音结束时，语音消息栏呈现效果如图 7-15 所示。

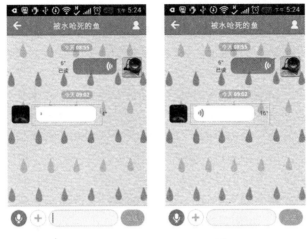

图 7-14　　　　　　　图 7-15

提示：手机在接收播放易信语音时，会自动开启扩音播放，这是易信软件默认的语音收听形式。修改可以参照"聊天信息"设置界面下的"听筒模式"设置。

7.1.3　易信的语音聊天设置

单击聊天界面右上角的人像图标，如图 7-16 所示。切换到"聊天信息"界面，在该界面中可以对"语音消息直接播放"和"听筒模式"选项进行设置，如图 7-17 所示。

图 7-16　　　　　　　图 7-17

提示："聊天信息"设置界面中的大部分选项设置和按钮操作都已在"群消息设置"中介绍过，本节重点介绍一下"语音消息直接播放"一栏的设置。

默认情况下，"语音消息直接播放"选项为关闭模式，所以在接收完语音信息时，语音并不会自动播放，需要用户手动单击对方发来的语音消息，才可以播放该条语音，如图 7-18 所示。可以滑动按钮改变其默认方式，设置为语音消息直接播放，这样当用户接收完对方发来的语音消息时，就会直接播放该条语音，如图 7-19 所示。当开启"语音消息直接播放"模式后，在聊天界面右上角会显示相应的图标。

进入"聊天信息"设置界面，"听筒模式"选项同样默认为关闭状态，所以在收听对方发送的语音消息时，语音会用扩音的模式播放，类似于接听电话时所使用的免提功能。用户也可以滑动该选项后的按钮，开启"听筒模式"，来减小音量收听语音。返回聊天界面，在聊天界面右上角会显示耳朵图标，表示已经开启"听筒模式"，如图 7-20 所示。

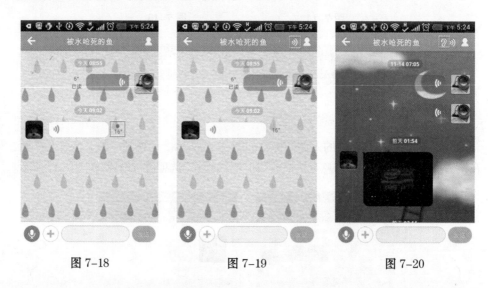

图 7-18   图 7-19   图 7-20

7.2 免费短信

2013 年 8 月 19 易信的问世，掀起了互联网即时通信的浪潮，易信被外界普遍认为是微信最有力的挑战者。易信主打的免费短信和免费语音，让用户得到实实在在的优惠，这两点正是微信所不具备的。

7.2.1 发送免费短信

免费短信功能可以给易信好友或用户手机通信录中任意中国大陆手机号码发送免费短信，对方无须是易信用户。本节将向读者介绍如何使用易信免费发送手机短信。

在手机中打开易信软件，进入易信主界面，如图 7-21 所示。单击易信主界面右下方的加号图标，在界面中弹出易信主功能按钮，如图 7-22 所示。

图 7-21　　　　　　　　　图 7-22

在弹出的易信主功能按钮中单击"免费短信"按钮，切换到"免费短信"界面，如图 7-23 所示。在该界面中显示了手机通信录中的所有联系人，可以单击选择需要发短信的联系人，如图 7-24 所示。

图 7-23　　　　　　　　　图 7-24

提示：同步更新的通信录中，使用易信的好友名字后会有易信图标。通信录是按照英文字母顺序排列的，如果通信录中电话号码很多，找起来麻烦的话，可以直接在搜索框中输入联系人电话或姓名，方便快捷地找到该联系人。

这时即可与所选择的好友开始发短信，切换到与所选好友的短信聊天界面，如图 7-25 所示。在界面下方的圆角矩形文本框中单击并输入相应的信息内容，如图 7-26 所示。

图 7-25　　　　　　　　　　　图 7-26

完成短信的输入后，单击文本框右侧的"短信"按钮，即可向好友发送免费短信，如图 7-27 所示。当对方接收到短信，并且回复短信后，会在易信中显示对方发来的短信内容，如图 7-28 所示。

图 7-27　　　　　　　　　　　图 7-28

提示：易信免费短信可以输入 100 字以内，如果短信内容超过 100 个字，单击"短信"按钮时，会弹出提示信息。易信用户每天免费短信上限为 50 条，如果超过上限，iOS 系统会显示红叉表示提醒，Android 系统会有提醒。

前面在通信录中选择的发送免费短信的对象已经是易信用户，如果所选择的发送免费短信的对象并不是易信用户，则界面会有一些区别。

如果所选择的发送免费短信的对象并不是易信用户，界面将如图 7-29 所示。

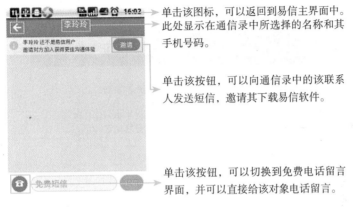

单击该图标，可以返回到易信主界面中。

此处显示在通信录中所选择的名称和其手机号码。

单击该按钮，可以向通信录中的该联系人发送短信，邀请其下载易信软件。

单击该按钮，可以切换到免费电话留言界面，并可以直接给该对象电话留言。

图 7-29

单击界面中的"邀请"按钮，切换到手机短信界面，并自动填写了相应的短信内容，短信内容中有易信的官方下载地址，单击可以直接下载易信，如图 7-30 所示。

单击输入文本框左侧的电话图标，可以切换到免费电话留言界面，如图 7-31 所示。在免费电话留言界面单击文本框左侧的信封图标，可以返回到免费短信界面。

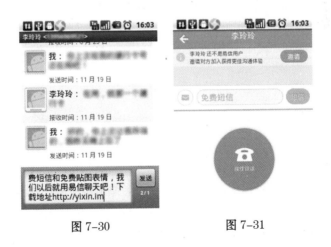

图 7-30   图 7-31

7.2.2 接收免费短信

使用易信给对方发送免费短信时，免费短信都在对方手机短信箱中接收，内容如图 7-32 所示。通过回复短信，可以和易信好友及时互动，如图 7-33 所示。

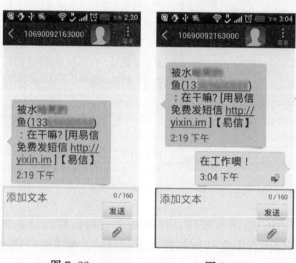

图 7-32   图 7-33

提示：如果是国内的手机发送免费短信，对方是电信号码，则会收到 118065 开头的推送短信；对方是移动号码，则会收到 10690092163 开头号码；对方是联通的号码，则会收到 1065505771306 开头号码。如果是海外手机号码发送免费短信，电信号码收到的是 118065 开头的推送短信，移动号码收到的是 10690092163 开头号码，联通的号码收到的是 1065505771352 开头号码。另外，北京移动收到的是随机的联通手机号码。

7.2.3 管理短信聊天记录

用易信与好友发免费短信，还可以对短信聊天内容进行复制、删除等相应的管理操作，本节将向大家介绍在易信中如何对短信聊天内容进行管理。

1. 复制信息

在需要操作的聊天短信信息上按住不放，会弹出相应的操作选项，如图 7-34 所示。单击"复制"选项，可以复制该条信息内容。信息内容复制后，可以在任意信息输入窗口中长按不放，将弹出功能选项菜单，选择"粘贴"选项，即可将刚刚复制的信息内容粘贴到信息输入窗口中，如图 7-35 所示。

图 7-34	图 7-35

2. 删除信息

如果需要删除单条聊天信息，可以在需要删除的聊天信息上按住不放，在弹出的信息操作选项中选择"删除"选项，如图 7-36 所示。即可将该条信息删除，如图 7-37 所示。

图 7-36	图 7-37

如果需要删除与该好友的全部聊天信息，可以在聊天界面中单击右上角的人像图标，切换到"聊天信息"界面，如图 7-38 所示。单击"清空聊天记录"选项，在界面下方显示功能操作按钮，如图 7-39 所示。单击"取消"按钮，不清空聊天记录，单击"清空"按钮，即可清空当前聊天记录，返回到聊天界面中，

可以看到当前的聊天记录被清空，如图 7-40 所示。

图 7-38

图 7-39

图 7-40

7.3 免费电话留言

电话留言功能可以给易信好友或用户手机通信录中的任意中国大陆电话号码（含固话号码和手机号码）发送电话留言，对方无须是易信用户。当发送电话留言后，对方电话会立即响起由 400 电话拨入的语音电话，电话中会自动播出发送人的相关留言内容。

7.3.1 发起电话留言

在手机中打开易信软件，进入易信主界面，如图 7-41 所示。单击右下角的加号图标，在易信界面中显示主功能菜单，如图 7-42 所示。

在易信弹出的主功能菜单中选择"电话留言"选项，进入"电话留言"界面，如图 7-43 所示。在该界面中显示了手机通信

图 7-41

图 7-42

录中的所有电话号码，可以单击选择要留言的对象，如图 7-44 所示。

图 7-43　　　　　　　　　　图 7-44

　　即可与所选择的好友开始电话留言，显示与所选好友的电话留言界面，如图 7-45 所示。按住界面下方的绿色圆形按钮，开始电话留言，如图 7-46 所示。

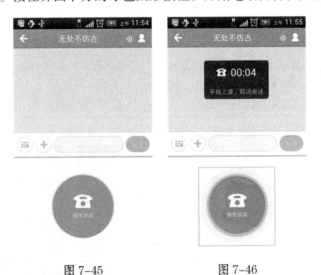

图 7-45　　　　　　　　　图 7-46

提示：单次电话留言可以留 5 分钟，电话留言一天上限为 5 条，超过后将无法进行留言发送，接收方如超过 10 条留言未读，则无法向其继续发送电话留言。

提示：在录制电话留言时，如果不想发送电话留言，只要手指向上滑动，就可以取消电话留言，对方也不会接收到电话留言。

松开绿色按钮，语音留言会自动发送到对方手机上，对方会以 400 电话的方式接收到。如果对方已经接听过语言留言，在电话留言界面会显示"已接听"文字提示，如图 7-47 所示。如果对方根据电话留言提示给你回复留言，会在易信中显示对方所发来的电话留言，如图 7-48 所示。

图 7-47　　　　　　　　　　图 7-48

> 提示：当需要再次收听电话录音时，直接单击 选项即可。易信中的电话留言已读状态功能非常实用，可以清楚地了解到自己发送给对方的电话留言有没有被对方接听到，这也是易信与众不同的功能之一。

7.3.2　电话留言接收

不管是海外用户还是大陆用户，发送电话留言显示的都是 400 开头的号码，如图 7-49 所示。接到对方的电话留言是可以进行回复的，按提示"直接回复电话留言按 1，再按 # 发送"就可以回复了，如图 7-50 所示。

图 7-49

图 7-50

提示：如果因为有事而错过了电话留言，不用担心，可以拨打400进行留言收听，留言会保留24小时的，不过会按市话收费的。

7.3.3 管理电话留言

使用易信向手机或固定电话发送免费的电话留言，只能对发送或接收到的电话留言进行删除操作，不可以对其进行转发等其他管理操作。接下来向大家介绍在易信中如何删除电话留言。

1. 删除单条电话留言

如果需要删除单条语音留言，可以在需要删除的电话留言上按住不放，在弹出的信息操作选项中选择"删除"选项，如图7-51所示。即可将该条信息删除，如图7-52所示。

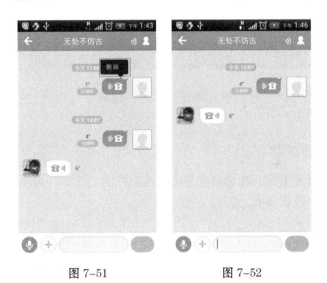

图 7-51　　　　　　　　图 7-52

2. 删除全部电话留言

如果需要删除与该好友的全部电话留言，可以在聊天界面中单击右上角的人像图标，切换到"聊天信息"界面，如图7-53所示。单击"清空聊天记录"选项，在界面下方显示功能操作按钮，如图7-54所示。单击"取消"按钮，不清空聊天记录，单击"清空"按钮，即可清空当前聊天记录，返回到聊天界面中，可以看到当前的聊天记录被清空，如图7-55所示。

图 7-53

图 7-54

图 7-55

7.4 易信中与翼聊好友的聊天

易信用户还可以和自己的翼聊进行绑定，绑定后可以通过易信与自己翼聊中的好友进行聊天。

7.4.1 绑定翼聊

在易信中绑定翼聊，在易信主界面单击左侧的"更多"选项，如图 7-56 所示。切换到更多设置界面，如图 7-57 所示。

图 7-56   图 7-57

单击"个人信息"选项，进入"个人信息"设置界面，如图 7-58 所示。滑动手机屏幕，可以在下方看到"翼聊"选项，如图 7-59 所示。

图 7-58　　　　　　　　　　图 7-59

单击"翼聊"选项，进入易信与翼聊的绑定界面，如图 7-60 所示。在相应的文本框中输入用户的翼聊账号和翼聊密码，如图 7-61 所示。

图 7-60　　　　　　　　　　图 7-61

单击"添加"按钮，完成易信与翼聊的绑定，如图 7-62 所示。这样用户就可以用易信与所绑定翼聊账号中的好友聊天了，返回易信主界面，在主界面中单击右上角的人像图像，如图 7-63 所示。

切换到好友列表界面，默认显示为用户易信好友列表，如图 7-64 所示。单击"翼聊"选项，可以切换到所绑定翼聊的好友列表，如图 7-65 所示。

图 7-62　　　　　　　　图 7-63

图 7-64　　　　　　　　图 7-65

7.4.2　与翼聊好友聊天

　　选中需要聊天的翼聊好友，单击该好友名称，切换到"联系人详情"界面，显示该翼聊好友的详情，如图 7-66 所示。单击"聊天"按钮，即可进入与该翼聊好友的聊天界面，如图 7-67 所示。

图 7-66 图 7-67

与翼聊好友的聊天和易信好友之间的聊天相似，如图 7-68 所示。翼聊好友也可以利用翼聊和用户进行交流，如图 7-69 所示。

图 7-68 图 7-69

第8章

易信朋友圈

　　易信可以把互相成为易信好友的用户组成一个朋友圈，用户在朋友圈中可以发布自己的即时状态，可以浏览和评论好友的即时信息。在朋友圈怎样发布、评论信息，怎样明确地设置朋友权限等问题都会在这章中进行一一解答。

8.1　易信朋友圈

当易信用户有了自己的易信好友后，围绕易信用户及其好友形成了一个朋友圈，在这个朋友圈中可以发布自己的即时动态和浏览易信好友的动态。当然用户也可以对朋友圈中的成员进行一些权限设置。

8.1.1　加入朋友圈

朋友圈中的好友均为易信用户的好友，只有双方都成为好友时才能看到好友的朋友圈中的信息。首先在易信中加入你的好友，在手机中打开易信软件，进入易信主界面，如图 8-1 所示。单击界面右上角的人像图标，如图 8-2 所示。

图 8-1　　　　　　　　图 8-2

可以进入易信好友列表界面，单击"添加好友"选项，如图 8-3 所示。可以通过在手机通信录中查找或搜索手机号等方法添加易信好友，完成添加后，可以在易信好友列表界面中看到所添加的易信好友，如图 8-4 所示。

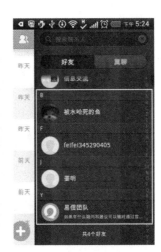

图 8-3　　　　　　　　图 8-4

135

玩转易信

8.1.2 朋友圈界面

添加易信好友完成后，返回易信主界面，单击界面左上角的三条横杠图标，在界面左侧显示功能选项，单击"朋友圈"选项，进入易信朋友圈界面，如图8-5所示。

消息按钮：单击该按钮，可以切换到消息列表界面。

背景图像：单击背景图像，可以进入朋友圈背景图像的设置。

个人头像：单击个人头像，可以进入朋友圈的个人主页。

朋友圈动态信息：在这里显示朋友圈的即时信息和易信用户自己发布的信息。

信息操作按钮：单击该按钮，可以对该条信息进行相应的操作。

发布信息按钮：单击该按钮，可以在朋友圈中发布文本、照片等相关信息。

图 8-5

8.1.3 朋友圈消息列表

在"朋友圈"界面单击界面右上角的心形图标，可以在界面右侧显示"消息列表"界面，如图8-6所示。当易信用户发布的信息得到其好友"评论"或"喜欢"时，"消息列表"就会提示易信用户并显示这一消息。当用户在"消息列表"界面中单击某一条信息时，就会切换到"详情"界面，查看该条消息的详细内容，如图8-7所示。

图 8-6

图 8-7

136

8.1.4 朋友圈的背景图像设置

在"朋友圈"界面中单击背景图像，可以对朋友圈的背景图像进行设置，在该界面的底部显示相应的功能按钮，如图 8-8 所示。单击"从相册选择"按钮，进入手机相册界面。也可以利用手机自带相机拍摄照片作为朋友圈的背景，如果默认朋友圈图像背景则单击"取消"按钮。单击"拍摄"按钮，手机进入拍照状态，如图 8-9 所示。

 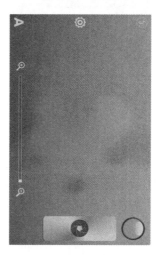

图 8-8　　　　　　　　图 8-9

找到合适的物品作为朋友圈的背景图像，照相机镜头对准要拍的物品，调整镜头到合适位置，单击照相机的拍摄按钮，拍摄照片，如图 8-10 所示。完成照片的拍摄，自动切换到调节朋友圈背景图片区域界面，如图 8-11 所示。

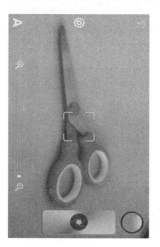 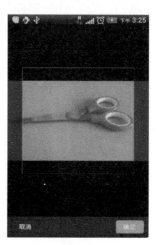

图 8-10　　　　　　　　图 8-11

双击图片，可以将图片放大，手指滑动图片，确定图片作为朋友圈背景区域，如图 8-12 所示。单击"确定"按钮，完成朋友圈背景图像的设置，朋友圈背景图像会更换成刚刚设置的图片，效果如图 8-13 所示。

图 8-12   图 8-13

从相册中选取照片也可以作为朋友圈背景图像。单击"从相册选择"按钮，进入手机相册，显示所有有关图片的文件夹，如图 8-14 所示。从文件夹中选择要作为好友圈背景的图片，如图 8-15 所示。

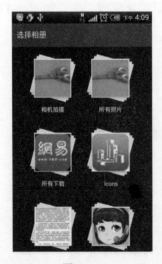

图 8-14   图 8-15

单击所选择的图片，弹出调节朋友圈背景图像区域界面，通过手指滑动图片，确定图片作为朋友圈背景的区域，如图 8-16 所示。单击"确定"按钮，页面返回"朋友圈"主界面，系统会将朋友圈背景图像更改为刚刚设置的图片，如图 8-17 所示。

图 8-16　　　　　　图 8-17

8.2 朋友圈的动态消息

在朋友圈的动态信中，用户如果喜欢某条信息，单击"喜欢"按钮，即可让好友知道你喜欢他发布的这条信息，用户也可以在该条信息后写上评论，发布自己的看法。信息栏中还包括信息的发布时间以及浏览者对此信息是否删除的操作按钮。

8.2.1 朋友信息的"喜欢"

在"朋友圈"界面的动态消息栏中可以查看好友所发布的信息，可以用手指向上翻动信息查看并更新更多的信息，如图 8-18 所示。如果用户对朋友圈中的某条信息很喜欢，可以单击该条信息下方的"喜欢"按钮，如图 8-19 所示。

图 8-18　　　　　　图 8-19

　　单击该按钮后，"喜欢"按钮将会变成蓝色，并在该按钮上方显示这条信息喜欢的人数，可以向发布该条信息的好友传达你喜欢这条消息，如图 8-20 所示。如果用户想取消对该条信息的喜欢操作，再次单击"喜欢"按钮，即可取消对该条信息的喜欢操作，如图 8-21 所示。

图 8-20　　　　　　　　图 8-21

8.2.2　朋友信息的"评论"

　　用户还可以在"朋友圈"中对好友发布的信息进行评论，单击某条信息下方的"评论"按钮，如图 8-22 所示。切换到该条信息的"评论"界面，如图 8-23 所示。

图 8-22　　　　　　　　图 8-23

在"评论"界面可以单击"语音"按钮,进行一段语音评论,如图 8-24 所示。在界面下方按住"按住说话"按钮,即可开始语音评论,如图 8-25 所示。完成语音评论后,松开手指,即可自动发送该条语音评论,如图 8-26 所示。

图 8-24　　　　　　　图 8-25　　　　　　　图 8-26

还可以使用贴图表情对信息进行评论,单击界面下方的加号图标,如图 8-27 所示。在界面下方显示表情图标,在需要使用的图标上单击,如图 8-28 所示。可以直接单击"发送"按钮,进行评论。

图 8-27　　　　　　　图 8-28

还可以对信息进行文本评论,直接在文本框中输入相应的评论内容,如图 8-29 所示。单击"发送"按钮,即可完成对该条信息的评论,如图 8-30 所示。返回"朋友圈"界面,可以看到在该条信息下方显示评论的内容,如图 8-31 所示。

图 8-29   图 8-30   图 8-31

提示：语音评论以及表情和文字输入的具体方法与"聊天界面"中与好友聊天时发送方法是相同的，评论时不能插入易信的贴图。

提示：朋友发布的信息可以进行评论，但不能转发。如果需要转发朋友发布的此类信息，可以利用易信中的收藏夹功能加以收藏再进行发送。

对好友信息进行评论后，如果想删除你的评论，则可以在"评论"界面中单击想删除的评论，如图 8-32 所示。在界面下方显示功能按钮，单击"删除评论"按钮，即可删除评论内容，返回"朋友圈"界面，如图 8-33 所示。

图 8-32   图 8-33

8.3 朋友圈动态消息的发送

在朋友圈中发布的信息可以让整个朋友圈中的好友浏览，当然也可以设置朋友圈权限，关于朋友圈权限设置会在"个人主页的设置"一节中进行讲解。在朋友圈中发布的信息内容包括文本、图片等，信息的排列顺序依照信息的发布时间进行排序。

8.3.1 发布文本

进入易信的"朋友圈"界面，单击手机屏幕右下角的加号图标，弹出相关的功能选项按钮，如图 8-34 所示。单击"文本"图标，切换到"创建内容"界面，如图 8-35 所示。

用户可以在"心情记录"文本输入框中输入发表的信息文字，如果想要添加表情和贴图，可以单

图 8-34   图 8-35

击文本框左下角的笑脸图标，如图 8-36 所示。滑动图标列表找到想要的表情或贴图，如图 8-37 所示。如果想删除或重新选择贴图，手指按住文本框中的贴图，在界面下方弹出功能选项按钮，单击"删除"或"重新选择"按钮即可，如图 8-38 所示。

图 8-36   图 8-37   图 8-38

> 提示：贴图表情的选择以及贴图下载更新方法在"聊天"界面中已经说过，这里不再详细介绍。

> 提示：在朋友圈发表的文字限定为5000字，图片规格在移动网络下为640×480，在Wi-Fi下为1280×960。

在"创建内容"界面中还可以单击"添加语音"选项，在界面下方会显示功能按钮，可以在发布的内容中添加语音，如图8-39所示。按住"按住说话"按钮进行录音，松开手指，录音完成后界面如图8-40所示。单击语音右侧的叉号图标，可以删除该条语音，如图8-41所示。

图 8-39

图 8-40

图 8-41

在易信"朋友圈"中发布信息时，默认自动为用户获取所在的位置，如图8-42所示。发布信息时会显示用户所在的位置，单击"发布"按钮，即可在朋友圈中发布该条信息，可以在朋友圈界面看到刚刚所发布的信息，如图8-43所示。

图 8-42

图 8-43

提示：如果在"创建内容"界面中滑动"正在获取位置信息"按钮，可以取消这一默认设置，发布信息时将不显示用户的地理位置。

8.3.2　发布相册内容

返回到"朋友圈"界面，单击手机屏幕右下角的加号图标，弹出功能选项按钮，如图 8-44 所示。单击"相册"按钮，进入手机相册，显示手机中有关图片的文件夹，如图 8-45 所示。

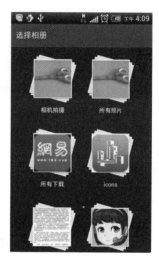

图 8-44　　　　　　　　　　图 8-45

在手机相册中单击选中需要发布的照片，切换到易信中的图片修饰界面，如图 8-46 所示。

图像区域：在该区域中显示在手机相册中选择的需要发布的照片。

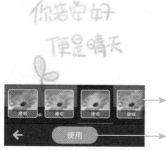

效果面板：该部分显示了易信中提供的多种对照片的修饰效果，直接单击相应的效果，即可为照片使用该效果。

"使用"按钮：单击该按钮，确定使用对该照片的设置。

图 8-46

通过手指滑动效果面板，可以选择需要为照片应用的效果，如图8-47所示。如果发现图片修饰的样式不合适，单击"原图"选项，即可返回照片默认的样式，如图8-48所示。

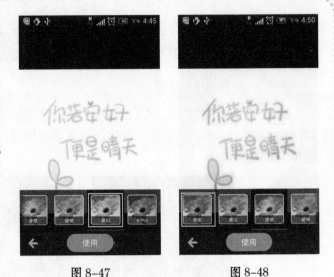

图 8-47   图 8-48

提示：在易信朋友圈相册中提供了11种修饰图片的效果，使图像更好看、更好玩，而且操作起来简单快捷。

提示：在照片区域单击，可以隐藏效果面板，再次单击照片区域，效果面板会再次显示。

为照片应用好相应的效果，单击"使用"按钮，切换到"创建内容"界面，如图8-49所示。在该界面中可以添加照片并创建信息文本内容，在上一节中已经进行了介绍，这里不再赘述。

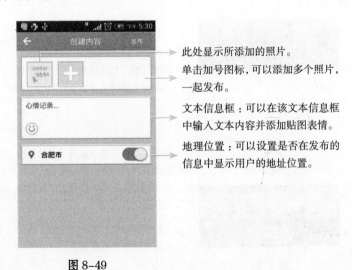

此处显示所添加的照片。
单击加号图标，可以添加多个照片，一起发布。

文本信息框：可以在该文本信息框中输入文本内容并添加贴图表情。

地理位置：可以设置是否在发布的信息中显示用户的地址位置。

图 8-49

146

如果单击所添加的照片，则可以显示该照片的预览界面，如图 8-50 所示。单击该界面右上角的"删除"按钮，可以删除将要发布的照片，效果如图 8-51 所示。

图 8-50　　　　　　　　　图 8-51

　　单击加号图标，添加需要发布的照片，如图 8-52 所示。单击界面右上角的"发布"按钮，即可在朋友圈中发布照片，自动切换到朋友圈界面，可以看到刚刚发布的照片，如图 8-53 所示。

图 8-52　　　　　　　　　图 8-53

8.3.3 发布拍照内容

在"朋友圈"界面中单击手机屏幕右下角的加号图标，弹出功能选项按钮，如图 8-54 所示。单击"拍照"按钮，进入拍照界面，如图 8-55 所示。

图 8-54

图 8-55

单击照相机的拍摄按钮，拍摄照片，完成照片的拍摄，进入图片修饰界面，如图 8-56 所示。之后的操作步骤与上一节介绍的从相册中选择照片进行处理发布的方法相同，这里不再赘述。

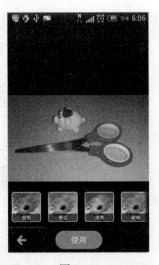

图 8-56

8.3.4 删除发布信息

　　易信用户在"朋友圈"的动态信息中只能删除自己发布的信息，其他好友发布的信息只有"评论"和"喜欢"这两种操作。

　　进入"朋友圈"界面中，单击自己发布的信息后的 3 个小圆点图标，如图 8-57 所示。在界面的下方会显示功能操作按钮，如图 8-58 所示。单击"删除该动态"按钮，即可在朋友圈中删除该条信息，如果单击"取消"按钮，将不进行任何操作，返回"朋友圈"界面。

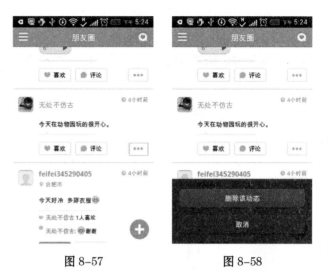

图 8-57　　　　　　　　　　图 8-58

8.4　个人主页的设置

　　在"朋友圈"界面单击用户头像即可进入个人主页，如图 8-59 所示。也就是易信用户的个人主页，切换到"我的主页"界面，如图 8-60 所示。在个人主页中用户可以对自己发布的信息进行操作，还可以对朋友圈的权限进行设置。

图 8-59　　　　　　　　　　图 8-60

8.4.1 朋友权限设置

在"我的主页"界面单击右上角的 3 个圆点图标，如图 8-61 所示。在界面下方会弹出功能选项按钮，如图 8-62 所示。单击"朋友圈权限设置"按钮，切换到"朋友圈权限设置"界面，如图 8-63 所示。

图 8-61　　　　　　　　图 8-62　　　　　　　　图 8-63

提示："朋友圈权限设置"的具体方法在易信基本设置一章中的"隐私设置"中已讲解过。为好友设置"不向对方公开我的内容"权限，可以限制此好友浏览我在朋友圈发布的信息。为好友设置"不看对方内容"权限，可以限制此好友的朋友圈发布信息出现在我的朋友圈中。

8.4.2 评论回复

在"我的主页"界面中可以查看好友对自己所发布信息的评论，如图 8-64 所示。也可以对好友的评论进行回复，如图 8-65 所示。

图 8-64　　　　　　　图 8-65

单击好友的评论信息,切换到"评论"界面,在评论回复框中显示如下文字,如图 8-66 所示。在评论回复框中输入回复内容,单击"发送"按钮,如图 8-67 所示。单击界面左上角的右方向箭头图标,返回到"我的主页"界面,可以看到对好友评论的回复,如图 8-68 所示。

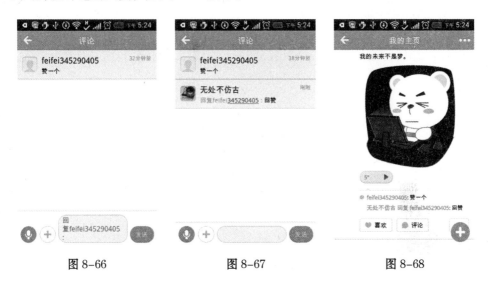

图 8-66　　　　　　　　　图 8-67　　　　　　　　　图 8-68

提示:在"我的主页"界面对好友的评论回复与在"朋友圈"中对好友发布信息的回复方式是一样的,也可发布语音信息和贴图表情信息。

第9章

了解PC版易信

易信PC版是易信继智能手机客户端之后推出的可以安装在普通计算机上的客户端版本。由于处于初期阶段，目前很多功能还未实现，但支持基本的个人和群组聊天，使用易信PC版时建议配合使用易信的手机客户端版，这样可以充分利用好易信这款软件。

9.1 PC 版易信的安装

目前易信的计算机客户端处于初期阶段，很多功能还有待实现和完善，界面简单，仅仅支持聊天的功能。

9.1.1 下载 PC 版易信

打开计算机中的浏览器，输入易信的官方网址 http://yixin.im/，打开易信的官方网站，如图 9-1 所示。

图 9-1

在网页中单击"立即下载"按钮，如图 9-2 所示。在弹出的窗口中单击 Windows PC 按钮，即可下载 PC 版易信安装程序，如图 9-3 所示。

图 9-2   图 9-3

完成易信 PC 版安装程序的下载后，即可在计算机上安装 PC 版易信软件。

9.1.2 安装 PC 版易信

双击 PC 版易信的安装程序，如图 9-4 所示。弹出 PC 版易信安装界面，如图 9-5 所示。设置 PC 版易信的安装路径，单击"一键安装"按钮，即可开始安装易信。

图 9-4   图 9-5

9.2 PC 版易信的登录界面

完成 PC 版易信的安装后，在 Windows 操作系统中自动弹出易信 PC 版的登录界面，如图 9-6 所示。

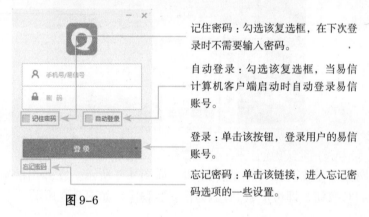

记住密码：勾选该复选框，在下次登录时不需要输入密码。

自动登录：勾选该复选框，当易信计算机客户端启动时自动登录易信账号。

登录：单击该按钮，登录用户的易信账号。

忘记密码：单击该链接，进入忘记密码选项的一些设置。

图 9-6

在"手机号 / 易信号"文本框中输入用户的手机号或者易信号，在密码框中输入用户的易信登录密码，如图 9-7 所示。单击"登录"按钮，在登录按钮上选择不同地区的登录，如图 9-8 所示。

图 9-7   图 9-8

提示：易信PC版暂不支持账号注册，仅向已经成为易信手机版用户的账号开放。

选中登录的方式，单击登录按钮，进入易信PC版的主界面。如果忘记密码，可以单击"忘记密码"文字链接，弹出"重置复码"界面，如图9-9所示。输入用户注册易信的手机号，易信会向用户手机发送一串验证码，输入验证码就可以重新设置该易信号的密码了。

图 9-9

9.3 PC 版易信主界面

用户登录 PC 版易信后，即进入 PC 版易信的主界面，如图 9-10 所示。

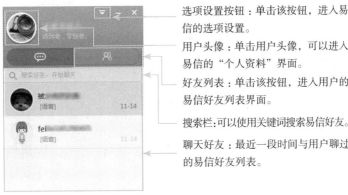

选项设置按钮：单击该按钮，进入易信的选项设置。

用户头像：单击用户头像，可以进入易信的"个人资料"界面。

好友列表：单击该按钮，进入用户的易信好友列表界面。

搜索栏：可以使用关键词搜索易信好友。

聊天好友：最近一段时间与用户聊过的易信好友列表。

图 9-10

9.4 PC 版易信的设置

PC 版易信的设置目前只局限于一些聊天对话的基本设置，其他有关易信的设置用户可以参考手机版的易信基本设置。

9.4.1 PC 版易信的个人资料

单击易信主界面上的用户头像，如图 9-11 所示。弹出易信用户的个人资料，如图 9-12 所示。这些个人资料同样在 PC 版易信中不能修改。

图 9-11 　　　　　　　　　　　　图 9-12

9.4.2 PC 版易信的基本设置

单击 PC 版易信上方的倒三角形选项设置按钮，弹出功能设置菜单，如图 9-13 所示。PC 版易信的"声音提示"默认为"勾选"状态，表示开启了消息提醒音和一些系统提示音，接收到新消息时或者操作易信系统时，会发出声音提醒，可以取消勾选，取消这一声音提醒，如图 9-14 所示。

图 9-13 　　　　　　　　　　　　图 9-14

图 9-15 　　　　　　　　　　　　图 9-16

单击"设置"选项，进入 PC 版易信的快捷键设置，如图 9-15 所示。根据提示可以对快捷键进行改动，改动后单击"确定"按钮，也可以选择默认的快捷键方式。PC 版易信中的快捷键默认为开启状态，也可以手动取消勾选，不使用快捷键，如图 9-16 所示。

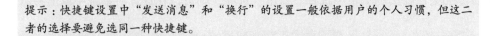

提示：快捷键设置中"发送消息"和"换行"的设置一般依据用户的个人习惯，但这二者的选择要避免选同一种快捷键。

单击"确定"按钮，完成对 PC 版易信的快捷键设置。

9.4.3 PC 版易信的其他设置

单击 PC 版易信上方的倒三角形选项设置按钮，弹出功能设置菜单，如图 9-17 所示。单击"关于易信"选项，弹出窗口显示易信的一些基本信息，如图 9-18 所示。

图 9-17   图 9-18

如果在弹出的菜单中选择"意见反馈"选项，则可以弹出"意见反馈"对话框，如图 9-19 所示。在"意见反馈"对话框的文本框中输入对易信的意见，单击"确定"按钮，即可向易信提交意见。

如果在弹出的菜单中选择"注销"选项，则可以退出当前易信账号的登录，返回易信登录界面，如图 9-20 所示。

图 9-19   图 9-20

157

如果在弹出的菜单中选择"退出"选项，则可以在计算机系统中退出易信。

9.5 PC 版易信的个人聊天

PC 版易信的个人聊天和手机版的易信聊天有所不同，PC 版易信聊天中只能发送表情、贴图、文本和图片内容。语音和视频信息的发送目前还不支持。

9.5.1 PC 版易信的聊天好友选择

首先在 PC 版易信的主界面中选择用户要通过易信聊天的对象，可以通过三种方式选择。

第一种，在搜索文本框中单击，如图 9-21 所示。在搜索框中输入聊天对象易信名称中的一两个关键字，如图 9-22 所示。选中聊天对象后打开个人聊天界面。

图 9-21　　　　　　　　　　　图 9-22

第二种，在最近联系人中选择要聊天的对象，如图 9-23 所示。双击聊天对象的名称，即可打开与该好友的聊天界面，如图 9-24 所示。

图 9-23　　　　　　　　　　　图 9-24

第三种，单击易信主界面中的"好友列表"图标，进入易信好友列表界面，如图 9-25 所示。在该界面会显示易信好友列表和用户创建或加入的聊天组。双击聊天的好友名称，即可进入与该好友的聊天界面，如图 9-26 所示。

<table>
<tr><td>图 9-25</td><td>图 9-26</td></tr>
</table>

9.5.2　PC 版易信好友设置

返回易信的好友列表界面，如图 9-27 所示。选中需要设置的易信好友，在好友名称上单击鼠标右键，弹出快捷菜单，如图 9-28 所示。

<table>
<tr><td>图 9-27</td><td>图 9-28</td></tr>
</table>

选择"查看资料"命令，将弹出该易信好友的信息，如图 9-29 所示。单击"聊天"按钮，将打开与该好友的聊天窗口，如图 9-30 所示。

图 9-29   图 9-30

提示：PC 版易信暂不支持删除和邀请好友，只能查看该好友的个人资料，好友的其他设置可以在手机版易信中操作。

9.5.3　PC 版易信的个人聊天方式

进入聊天界面，就可以和好友聊天了，如图 9-31 所示。将光标移至聊天界面中的文本框中，输入文字，如图 9-32 所示。

图 9-31   图 9-32

单击"发送"按钮，即可将文本框中输入的内容发送给好友，如图 9-33 所示。也可以按键盘上的 Enter 键直接发送消息，如图 9-34 所示。"发送"按钮的快捷键设置可以参照 PC 版易信的基本设置。

图 9-33   图 9-34

单击输入文本框上方的笑脸图标，可以选中表情进行发送，如图 9-35 所示。也可以单击"贴图"按钮，选中贴图进行发送，如图 9-36 所示。

图 9-35　　　　　　　　　　　图 9-36

提示：聊天信息中的贴图目前还不支持在 PC 版易信中下载更新，如需获得更多题图需更新 PC 版易信客户端。

　　PC 版易信还可以单击输入文本框上方的图像图标，向好友发送本地图片，如图 9-37 所示。在弹出的文件夹中选择图片，选中后单击"打开"按钮，直接向对方发送图片，如图 9-38 所示。

图 9-37　　　　　　　　　　　图 9-38

　　使用 PC 版易信还可以向聊天好友发送截图，单击输入文本框上方的剪刀图标，如图 9-39 所示。可以在系统屏幕中单击并拖动鼠标进行截图，如图 9-40 所示。截图完成后单击"直接发送"按钮，即可将所截取的图像发送给聊天好友，如图 9-41 所示。

图 9-39　　　　　　　　图 9-40　　　　　　　　图 9-41

提示：目前易信图片的发送还不支持图文混排，所以是直接发送，后面版本可能会进行优化。

9.6 PC 版易信的群组聊天

PC 版易信的群组聊天和手机版的易信群组聊天相似。不同的是在 PC 版易信中只能单一地创建聊天群，目前还不支持对群消息和群名称进行设置。

9.6.1 PC 版易信的群组创建

单击 PC 版易信界面右上角的倒三角选项设置按钮，弹出功能菜单，如图 9-42 所示。选择"创建群组"选项，进入"创建群组"界面，如图 9-43 所示。

图 9-42　　　　　　　　　　图 9-43

选中多个加入群聊的易信好友，如图 9-44 所示。单击"开始聊天"按钮，即可完成群组的创建并进入群组聊天界面，如图 9-45 所示。

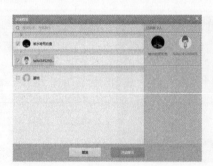

图 9-44　　　　　　　　　　图 9-45

提示：易信群组聊天的方法与个人聊天的方法相同，在这里就不介绍了，读者可以参照
PC 版易信的个人聊天。

9.6.2 PC 版易信群组的设置

返回 PC 版易信的主界面,在主界面中选中刚刚创建的群组,如图 9-46 所示。
单击鼠标右键，弹出快捷菜单，如图 9-47 所示，选择"退出群组"命令，可以
退出该聊天群。

图 9-46　　　　　　　　图 9-47

在快捷菜单中选择"查看群组资料"命令，可以打开"详细资料"界面，

在该界面中可以
看到群组中的成
员，并且可以单击
加号图标，添加
新成员，如图 9-48
所示。

在快捷菜单
中选择"从列表中
删除"命令，可以
删除该群组聊天，
如图 9-49 所示。

图 9-48　　　　　　　　图 9-49

提示：易信群组聊天的群组资料中还不支持创建群名，可以在手机易信中对群组进行创
建和修改。

第 10 章

易信公众号

易信公众账号是供企业、团体组织以及个人使用的账号，随着易信的推广和交流的方便，公众号的影响将越来越大，它在为受众提供优质服务的同时，也在进一步挖掘着自身蕴含的市场潜能。如何添加优秀的公众号，如何申请公众号？这一章的内容将为读者进行详细解答。

10.1 什么是易信公众号

易信公众号是供三类人群集体使用的账号,分别是个人、企业以及团体组织。易信用户可以自己选择创建公众号或者关注他人及团体组织等有一定社会地位和影响的公众号。

在手机中打开易信,进入易信主界面,单击易信主界面右上方的人像图标,如图 10-1 所示。在界面右侧显示易信联系人界面,如图 10-2 所示。

图 10-1   图 10-2

单击"公众号"选项,即可切换到易信公众号界面,如图 10-3 所示。

搜索:单击该按钮,可以切换到搜索公众号的界面。

已关注:该部分显示的是易信用户已经关注的公众号列表。

分类:易信公众号的分类。

图 10-3

10.2 易信公众号的作用

易信公众号对于不同的受众人群有着不同的作用。它可以是企业对外的宣传工具，也可以是个人群发信息的联系工具。它在为受众提供优质服务的同时，也在进一步挖掘着自身蕴含的市场潜能。

10.2.1 客服服务

易信中的客服服务是易信用户与企业联系的平台，用户可以通过易信直接与一些企业的客服进行联系，在第一时间掌握企业的动态信息和获得一些企业提供的优质服务。例如，向下滑动公众号主界面左侧的公众号分类，如图10-4所示。单击"客服"分类选项，即可在界面中显示相关的企业客服公众号，如图10-5所示。

图 10-4

图 10-5

图 10-6

图 10-7

在客服公众号中可以选择用户需要关注的服务。例如，需要关注"天翼流量"客服公众号，如图10-6所示。如果单击该公众号右侧的加号图标，则可以直接将其标为关注，关注后加号图标会变为蓝色的对号图标，表示已经关注该公众号，如图10-7所示。

也可以单击公众号名称，进入该公众号的介绍界面，如图 10-8 所示。该界面显示"天翼流量管家"的一些相关信息，单击"关注"按钮，即可在易信中添加对该公众号的关注，如图 10-9 所示。

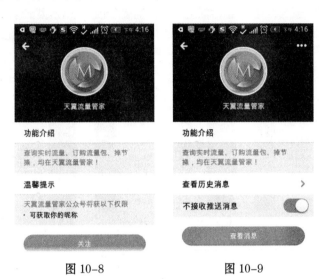

图 10-8　　　　　　　　　　图 10-9

默认情况下，用户将自动接收关注的公众号推送的消息，如果用户不想自动接收该公众号所推送的消息，可以对"不接收推送消息"选项进行设置，如图 10-10 所示。单击"查看历史消息"按钮，可以查看该公众号以往所发布的消息记录，如图 10-11 所示。

单击"查看消息"按钮，可以查看该公众号推

图 10-10　　　　　　　　　　图 10-11

送给用户的一些即时消息，如图 10-12 所示。用户可以单击界面下方的"一键查询"按钮，查询用户的实时流量，也可以单击"流量加油"按钮，可以为流量进行充值，还可以单击"活动专区"按钮，参加该公众号举行的活动，免费领取流量，如图 10-13 所示。

易信中某些公众号还提供了回复功能，可以回复相应的文字内容，查询相

应的信息或者获得相关的帮助，单击公众号消息界面下方左侧的键盘图标，即可切换到信息回复界面，如图10-14所示。

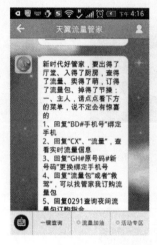
图 10-12

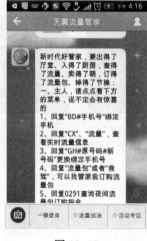
图 10-13

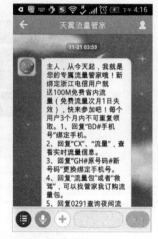
图 10-14

10.2.2 工具助手

在易信中，企业或个人可以开发一些实用工具向用户提供服务，用户通过关注此类公众号获得工具的使用。例如，在公众号主界面左侧向下滑动公众号分类，如图10-15所示。单击"教育"选项，进入教育相关的公众号界面，如图10-16所示。

图 10-15

图 10-16

168

单击"有道专业翻译"公众号,切换到该公众号的介绍界面,如图 10-17 所示。单击"关注"按钮,关注该公众号,查看该公众号的功能介绍,如图 10-18 所示。

图 10-17   图 10-18

单击"查看消息"按钮,可以查看该公众号推送给用户的信息,可以和该公众号进行联系,实现文字翻译的功能,如图 10-19 所示。这就是易信公众号中提供给用户实用工具的一项功能体现。

图 10-19

10.2.3 媒体资讯

易信用户还可以关注一些媒体公众号,媒体通过易信平台向用户推送即时

信息。例如，在公众号主界面左侧向下滑动公众号分类，如图 10-20 所示。单击"新闻"选项，进入新闻相关的公众号界面，如图 10-21 所示。

图 10-20　　　　　　　　图 10-21

　　在新闻分类中选择"头条新闻"公众号，如图 10-22 所示。单击该公众号，进入该公众号的介绍界面，如图 10-23 所示。

图 10-22　　　　　　　　图 10-23

　　单击该界面中的"查看消息"按钮，可以看到该公众号向用户推送的新闻内容，如图 10-24 所示。单击相应的新闻标题，即可查看该新闻的详细内容。
　　单击界面下方的"实时更新"选项，在弹出的菜单中可以选择不同类型的新闻进行浏览，如图 10-25 所示。

图 10-24 　　　　　　　　　 图 10-25

单击界面下方的"头条精选"选项，在弹出的菜单中可以选择需要关注的某个新闻门户网站的头条新闻，如图 10-26 所示。单击界面下方的"更多"选项，可以在弹出的菜单中选择更多的操作，如图 10-27 所示。

图 10-26 　　　　　　　　　 图 10-27

这就是易信公众号为用户提供及时信息功能的体现，当然用户也可以滑动公众号的分类列表，选择更多的媒体信息公众号。

10.3 易信公众号的魅力

易信公众号的关注与否在于易信受众，所以在易信公众号中更好的用户体验将会吸引更多的受众去关注。更好的用户体验体现在公众号所传递信息的内容和方式上。

10.3.1 受众的单项选择

受众关注易信中的某个公众号，那么该易信公众号就会每天将精心编辑的内容群发给关注自己的易信用户，内容可以是即时的资讯，也可以是各种各样的贴士等，不同的内容依据不同的公众号，而公众号的选择依据易信用户的自我需求。

例如，在易信公众号分类中选择"新闻"类别，在"新闻"分类界面选中"没品新闻"公众号并进行关注。这样用户就可以浏览该公众号发给用户的一些消息，如图10-28所示。用户也可以返回"没品新闻"的公众号界面，单击"取消关注"按钮，取消对该公众号的关注，如图10-29所示。这样用户就不会接收到该公众号发的信息。

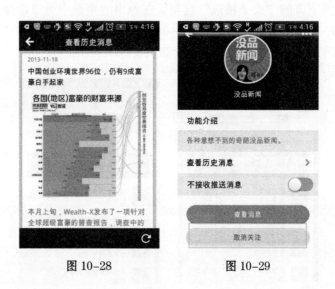

图 10-28   图 10-29

10.3.2 选择式发布信息

当易信用户关注某一个公众号之后，该公众号会有选择地向用户发布一些信息，这些信息不直接推送阅读内容和一些活动信息，而是让用户自主选择，用回复来设置推送的延伸内容，让易信用户拥有自主选择权。

例如，在易信公众号分类中选择"情感"类别，在"情感"分类中选择"宅男宅女"公众号并进行关注。这样用户就可以浏览这个公众号发送的一些消息，如图10-30所示。但这些信息要经过用户的回复才能继续浏览，如图10-31所示。

图 10-30

图 10-31

10.3.3 服务应用式

第三方应用与易信的结合，为易信用户提供多个类似 App 的便利服务，此类模式属于服务应用型，以极低频率向用户推送主题内容，提高易信用户对易信的使用率。

例如，在易信公众号分类中选择"推荐"类别，在"推荐"分类中选择"出门问问"公众号并进行关注。查看该公众号所发送的消息，如图 10-32 所示。查看消息后，回复"黄山冷不冷"，如图 10-33 所示。滑动屏幕，即可查看完整内容回复，如图 10-34 所示。

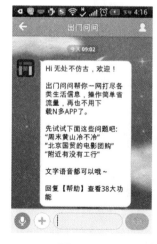

图 10-32

图 10-33

图 10-34

10.3.4 陪聊互动式

易信开放平台提供基本的会话功能，让公众账号的管理者与用户进行沟通，由于陪聊式的对话针对性比较强，花费的人力比较多，但其用户的体验性非常强。

例如，在易信公众号分类中选择"娱乐"类别，在"娱乐"分类中选择"贴图家族"公众号，并进行关注。查看该公众号发送的消息，如图 10-35 所示。在聊天界面中输入任意文本、图像或语音，如图 10-36 所示。

图 10-35   图 10-36

依照文字提示完成对话，界面如图 10-37 所示。

图 10-37

10.4　申请公众号

易信中个人、企业以及团体组织都可以申请公众账号,申请时需要身份验证。账号昵称的设定和头像图片的选择将是影响公众账号吸引力的重要因素。

10.4.1　注册易信公众账号

打开浏览器,输入易信公众账号官方网址 https://plus.yixin.im,打开网页,如图 10-38 所示。将鼠标移至浏览器的公众账号注册、登录窗口,如图 10-39 所示。如果有易信的公众账号,直接输入账号和密码直接登录即可。

图 10-38　　　　　　　　　　图 10-39

注册易信公众账号的第一栏,如图 10-40 所示。在邮箱一栏输入自己常用的邮箱,方便易信即时信息的通知。密码可以是 18 位的数字、字母、英文符号。英文符号区分大小写。公众号名称要在 10 字以内,申请后不能修改。

图 10-40

接着填写"登记信息"一栏中的内容,如图 10-41 所示。如果属于企业、团体组织、政府机构,易信要求其提供企业法人、管理者或主要运营负责人员的信息资料。运营主体的选择依据实际情况,分为个人、企业、团体组织、政府机构。再选择用户关注时是否要求验证。

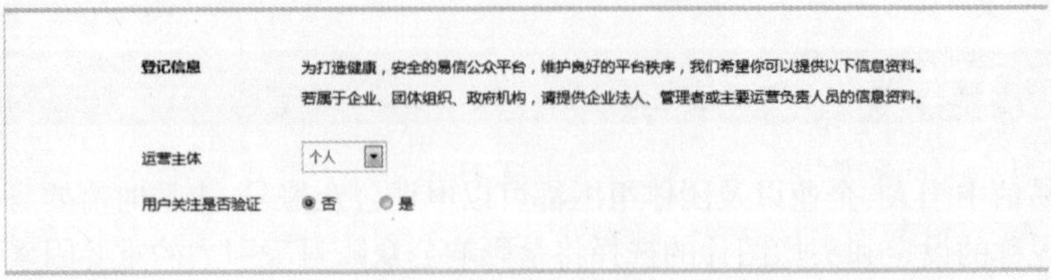

图 10-41

在"负责人"信息一栏，根据要求和提示如实完成每项信息的填写，如图 10-42 所示。

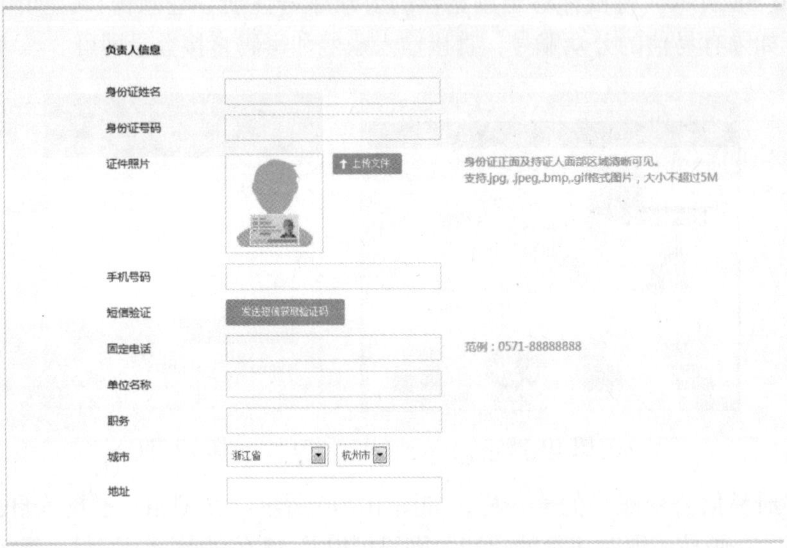

图 10-42

提示：负责人信息这一栏中，负责人上传的证件照必须是身份证正面，且持证人面部区域必须清晰可见，不能用 Photoshop 对人脸和身份证进行合成。证件照片支持 .jpg、.jpeg、.bmp、.gif 格式的图片，大小不超过 5MB。

最后在"提交注册"栏目中输入验证码，并勾选"我同意"复选框，单击"立即注册"按钮，完成公众账号的注册，如图 10-43 所示。等待易信的审核即可。

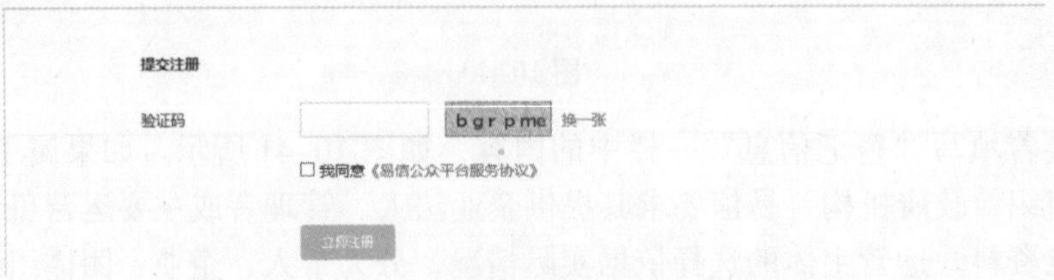

图 10-43

10.4.2 完善易信公众账号信息

易信公众账号申请审核通过后，首先要做的事情就是对个人或企业团组织的公众账号信息进行完善，这样才能更好地吸引易信用户去关注。

> 提示：本章易信公众号的后台操作设置方法是依据个人公众号的后台设置。企业和团体组织的公众号方法与此相似。

打开易信公众平台网站页面，如图 10-44 所示。在登录框中输入自己申请成功的账号和密码，如图 10-45 所示。

图 10-44   图 10-45

登录成功后，进入易信公众账号的后台操作，显示"完善公众账号信息"页面，如图 10-46 所示。

图 10-46

首先，设置"公众账号信息"栏目中的内容，账号名称不能修改，"账号介绍"中主要填写该公众账号的一些基本信息和功能，如图10-47所示。可以参照易信官方的公众账号，如图10-48所示。

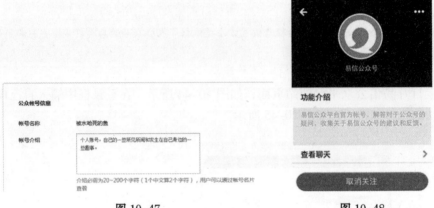

图 10-47   图 10-48

接着，对"其他"栏目中的信息进行设置，运营地区可填写企业和团体组织的地区，个人公众账号可填写所在地区，类型可选择自己的公众号性质，如图10-49所示。

图 10-49

完成相关信息的设置后，单击"创建"按钮，即可完成对易信公众号信息的完善。

10.5 管理易信公众账号

完善好公众号信息后，页面会自动切换到易信公众账号的管理页面，如图10-50所示。可供易信公众号拥有者对平台账号进行管理，在这里用户可以对个人信息进行设置，对粉丝进行管理等。在用户公众账号的首页可以浏览每日新增订阅人数和每日接收消息数。

图 10-50

10.5.1　用户管理

选择"用户管理"选项卡，切换到"用户管理"界面中，如图 10-51 所示。在该界面中，用户可以对关注的粉丝进行设置，首先可以创建分组，单击页面左侧的"新建分组"选项，可以在弹出的窗口中新建一个组，对粉丝进行分类，如图 10-52 所示。

图 10-51

图 10-52

单击"确认"按钮，完成分组的创建，如图 10-53 所示。分组的创建有利于易信公众号用户对粉丝的管理。选中用户的粉丝，将其放入刚创建的分组中，如图 10-54 所示。

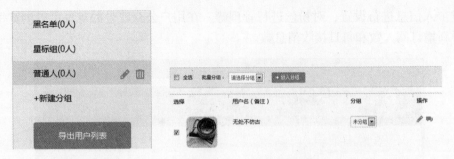

图 10-53　　　　　　　　　　　　　　图 10-54

在"批量分组"选项后的下拉列表中选择"普通人"选项，单击"放入分组"按钮，如图 10-55 所示，即可将选中的粉丝放入到"普通人"分组中，如图 10-56 所示。

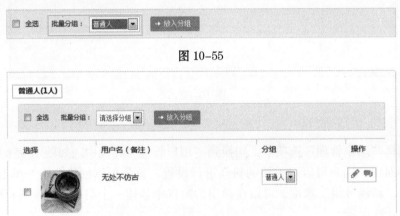

图 10-55

图 10-56

单击"操作"类别中的第一个"备注修改"按钮，可以在弹出的"修改备注"对话框中对该粉丝备注名进行修改，如图 10-57 所示。单击"操作"类别中第二个"聊天"按钮，可以进入与此粉丝的互动页面，如图 10-58 所示。

图 10-57

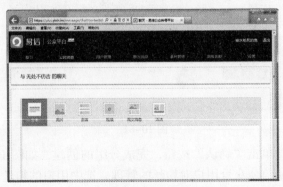

图 10-58

10.5.2　素材管理

选择"素材管理"选项卡，进入"素材管理"设置界面，如图 10-59 所示。

图 10-59

选择"图片"选项，可以切换到图片素材管理界面，如图 10-60 所示。单击"上传文件"按钮，可以在"图片"类别中上传图片，图片大小限制在 2MB 以内，如图 10-61 所示。

图 10-60　　　　　　　　　　　　图 10-61

添加语音和视频的方法与添加图片的方法相似，完成后如图 10-62 所示。语音文件大小限制在 5MB 以内，视频大小限制在 20MB 以内。

图 10-62

　　选择左侧的"活动"选项，切换到活动素材管理界面。活动的素材文章常见于企业发布的群消息中，是企业利用易信进行营销的一种方法，能够促进粉丝间的交流、企业信息的宣传。

　　活动素材管理界面如图 10-63 所示。依据活动情况，输入相应的活动简介，并上传相应的活动图片，如图 10-64 所示。

图 10-63　　　　　　　　　　　　　　　图 10-64

　　明确活动时间后，输入活动周期，在这段时间，粉丝可以和用户进行很好的互动。再输入活动详情页的 Wap 地址，这样可以让易信用户通过易信直接进入活动详情页面，了解有关活动的有关情况，如图 10-65 所示。完成后，返回"活动"素材管理页面，如图 10-66 所示。

图 10-65　　　　　　　　　　　　　　　图 10-66

提示：易信公众账号在设置群发信息和自动回复信息时，信息中涉及的素材都来源于"素材管理"。

10.5.3 高级功能

选择"高级功能"选项卡，进入"自动回复"设置，如图 10-67 所示。在自动回复一栏单击"设置"按钮，如图 10-68 所示。公众号的"自动回复"为启用状态，也可以单击"已启用"按钮，关闭自动回复。

图 10-67

图 10-68

进入自动回复的设置页面，如图 10-69 所示。在页面左侧单击"消息自动回复"选项，进入消息自动回复页面，如图 10-70 所示。

图 10-69

图 10-70

单击"添加回复"按钮，界面显示如图 10-71 所示。

图 10-71

在自动回复中，回复的方式可以是文本、图片、语音、视频、图文消息和活动。选中"文本"按钮，在文本框中输入自动回复的文字内容，如图 10-72 所示。单击"添加"按钮，完成自动回复内容的添加，如图 10-73 所示。

图 10-72　　　　　　　　　　　　　　　图 10-73

单击"图片"按钮，弹出用户上传到"素材管理"中的图片，如图 10-74 所示。选中需要添加的图片，单击"确认"按钮，即可在自动回复内容中添加该图片，如图 10-75 所示。

图 10-74　　　　　　　　　　　　　　　图 10-75

添加视频、图文和语音回复的方法和添加图片方法相同，完成自动回复内容的添加后，单击"保存"按钮，如图 10-76 所示。

图 10-76

> 提示：自动回复信息的添加只能添加 5 条，发送给关注用户的粉丝时默认为随机发送，也可以勾选"发送全部内容"复选框将内容全部发送。

　　"自动回复消息"设置完成后，单击页面左侧的"关键字匹配回复"选项，切换到关键字匹配回复设置界面，如图 10-77 所示。单击"添加规则"按钮，打开规则设置界面，如图 10-78 所示。

图 10-77

图 10-78

　　单击"添加关键字"按钮，在弹出的"添加修改关键字"对话框中输入关键字，如图 10-79 所示。单击"确定"按钮，在如图 10-80 所示的位置选择"不全匹配"单选按钮，弹出对话框，如图 10-81 所示。根据文字提示完成对关键字的添加。

图 10-79 　　　　　　　图 10-80 　　　　　　　图 10-81

单击"添加回复"按钮,在弹出的界面中输入回复的内容,可以是文本、图片、语音、视频、图文信息及活动。选择你认为合适的回复方式,如图 10-82 所示。单击"添加"按钮,完成对内容的回复,如图 10-83 所示。

图 10-82 　　　　　　　　　　　　图 10-83

最后给这一规则进行命名,如图 10-84 所示。命名后单击"保存"按钮,对这一规则进行保存,保存后如图 10-85 所示。

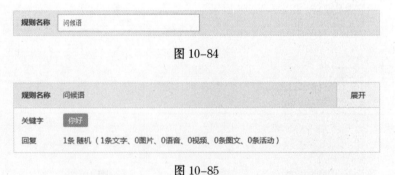

图 10-84

图 10-85

10.5.4 公众账号的设置

选择"设置"选项卡,进入公众账号信息设置界面,如图 10-86 所示。单击页面左侧的"修改头像"按钮,如图 10-87 所示。

图 10-86 图 10-87

弹出"修改头像"对话框，如图 10-88 所示。单击"上传文件"按钮，可以在本地计算机中选择需要用作头像的图片，即可更改公众号头像，如图 10-89 所示。

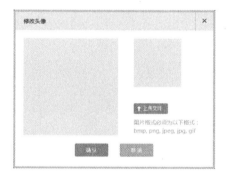

图 10-88 图 10-89

根据头像区域提示，调整头像图片位置，单击"确定"按钮，完成对头像的设置，如图 10-90 所示。在页面的"基本信息"栏目中可以设置易信公众号，方便用户添加关注，易信公众号一经添加就不能修改，如图 10-91 所示。

图 10-90 图 10-91

187

在页面的"功能介绍"栏目中单击"修改"按钮，如图 10-92 所示。可以在弹出的窗口中对功能介绍文字内容进行修改，如图 10-93 所示。修改后，单击"确定"按钮，即可完成修改。

图 10-92   图 10-93

单击"保存"按钮，完成对易信公众号"基本信息"的设置。

第 11 章

易信的营销技巧

易信之所以能在短时间内吸引大量用户的注册和关注，很大原因取决于它给用户带来的体验价值。作为普通用户，可以享受到易信带来的精品内容，用户也可以通过关注和互动进行互馈，这样也就出现易信的另一种价值——营销价值。

11.1 丰富的内容关注度

易信用户对公众号的关注出于对公众号推送内容的兴趣。易信用户以"订阅式"的主动行为方式获得公众号所推送的内容,这意味着用户希望在所关注的公众号中获得比其他公众号更独特的视角、观点或更好玩的资讯。易信提供的是更零碎化的新闻,所以易信在推送内容时,应提供富有营养或带来快乐的内容,不但能消除用户对信息的逆反心理,还能变为用户的期待,提高黏粘性。

如果用户关注了多个公众号,每个公众号每天推送内容,如果内容信息不能吸引用户的眼球或是令用户厌烦,易信用户就可能会取消这一公众号的关注,最后留在易信中的公众号将会是易信成功营销的典范。

11.1.1 热门的分类内容

易信的个人用户对情感类、新鲜资讯类、实用类、娱乐类和消遣类话题充满兴趣。这些内容满足了用户自我提升或放送、休闲的心理需求。

打开易信的"公众号"主界面,如图 11-1 所示。滑动界面左侧的公众号分类,如图 11-2 所示。

图 11-1 图 11-2

在这么多的分类中,有 App 互动服务类的公众号,例如"旅行"分类中的"出门问问"公众号,它是易信上的一款智能语音搜索地点信息的公众号,如图 11-3 所示。"购物"分类中的"如意淘"公众号,它是淘宝官方提供搜索物品并进行比价的官方账号,如图 11-4 所示。

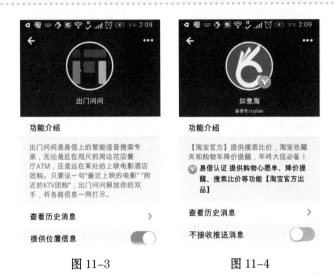

图 11-3　　　　　　　　图 11-4

　　易信公众号中还有媒体资讯类的公众号,例如"新闻"分类中的"头条新闻"公众号,它汇集了多家网络媒体新闻,第一时间为易信用户传递国际、国内重大新闻和突发事件,如图 11-5 所示。"新闻"分类中的"一点资讯"公众号为用户聚合推送最感兴趣的新闻资讯,如图 11-6 所示。

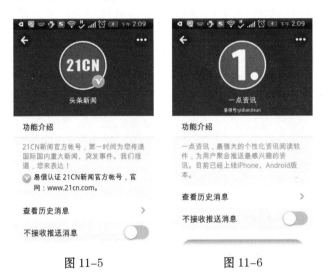

图 11-5　　　　　　　　图 11-6

　　易信中的名人类涵盖的范围比较广,有一些知名歌手及演员,例如"名人"分类中的"李琦"公众号,李琦是《中国好声音》中的冠军歌手,知名度较高,可以提高易信用户对此号的关注度,如图 11-7 所示。有一些是作家的公众号,例如"名人"分类中的"管平潮"公众号,管平潮是《仙剑奇侠传》以及《仙剑问情》的作者,在易信中与读者互动发布书籍信息,如图 11-8 所示。

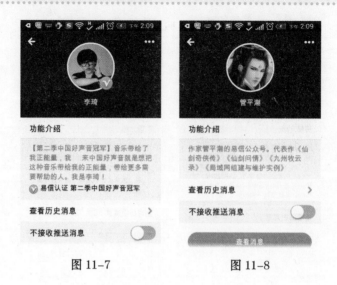

图 11-7　　　　　　　　图 11-8

　　娱乐类公众号可以让易信用户放松身心，无论是发布即时的娱乐新闻，还是各种幽默段子，有信息价值能吸引人的就能受人关注。例如"娱乐"分类中的"贴图家族"公众号，"贴图家族"公众号是易信贴图的官方账号，每天为用户提供捧腹大笑的趣事信息和发送各种福利，如图 11-9 所示。"娱乐"分类中的"狂囧网"每天为用户搜集最新的微博段子、冷笑话以及各种原创段子，如图 11-10 所示。

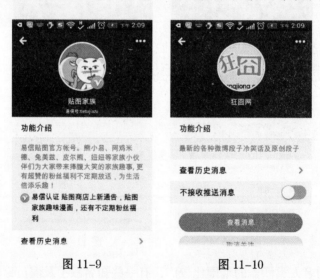

图 11-9　　　　　　　　图 11-10

　　目前易信中涵盖了众多的网络游戏、单机游戏以及手机游戏的公众号，这些公众号为玩家提供了游戏的即时资讯、玩家信息以及趣味图文等，例如"游戏"分类中的"梦幻西游 2"公众号，这是《梦幻西游 2》的官方易信，用于官方信息、游戏更新、玩家信息、趣味图文、报销资讯等内容的发布，如图 11-11 所示。

"游戏"分类中的"手机游戏"公众号，关注后每天为用户提供有趣、有料、有爆点的手游资讯，如图 11-12 所示。

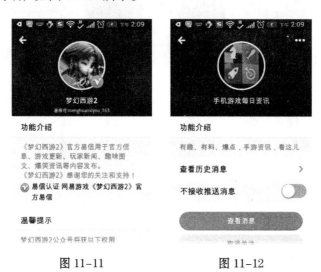

图 11-11   图 11-12

易信公众号中的教育类公众号的定位人群为一些高校学生，例如，"教育"分类中的"求学考研"公众号，为易信考研用户提供即时的考研资讯与指南，如图 11-13 所示。"教育"分类中的"网易云课堂"公众号，是一个实用技能的学习平台，如图 11-14 所示。

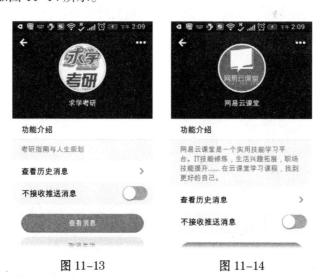

图 11-13   图 11-14

11.1.2 一流的视觉享受

目前，智能手机已经占据中国市场的半壁江山，手机屏幕像素越来越高，无论是以图片为主导的易信账号，还是文字配图，赏心悦目或充满趣味和创意的图片一定会给用户带来很好的视觉体验，提高粉丝黏粘性。

我们看一下关于图文的例子。关注"娱乐"分类中的"贴图家族"公众号，如图 11-15 所示。单击"查看消息"按钮，如图 11-16 所示。诙谐的文字加上搞笑的图片会给受

图 11-15

图 11-16

众增添无限的乐趣，也会进一步激发读者单击"查看全文"链接的欲望。

11.1.3 精彩的语音试听

这种方式的效果在"名人"类的公众号中尤为明显，当易信用户关注自己喜爱的歌星和明星时，这些明星的打招呼方式可能是通过易信语音发送的一段自己的说话或清唱的录音，这一体验通常会让粉丝激动不已，会促进粉丝不断通过易信关注此公众号，从而达到提升粉丝黏度的效果。

我们看一下语音试听的例子。关注"名人"分类中的"李琦"公众号，如图 11-17 所示。单击"查看消息"按钮，如图 11-18 所示。当易信用户关注该

图 11-17

图 11-18

明星公众号时，就会在聊天信息中接收到他所传送给用户的语音，易信独有的
高清语音会让用户有一种现场版的感觉。

11.2　易信推送内容的合理编排

　　易信在推送内容的过程中将内容分级，分为单图文和双图文，这样在群发
信息时能让内容更为精准，更有利于后期服务管理。
　　图文信息的编排可以在"群发消息"或"素材管理"中操作，首先登录易
信公众平台，如图 11-19 所示。选择"素材管理"选项卡，切换到"素材管理"
界面，如图 11-20 所示。

图 11-19　　　　　　　　　　　图 11-20

11.2.1　单图文信息的编排

　　在"图文"一栏中单击"单图文"按钮，添加单图文素材，打开后如图 11-21
所示。根据网页中的提示填写单图文的标题、图片和摘要，如图 11-22 所示。
图片像素建议 700 像素 ×200 像素，摘要建议不超过 120 个汉字。

图 11-21　　　　　　　　　　　图 11-22

正文内容书写时，添加文字的同时可以插入图片和视频，如图 11-23 所示。这里的图片和视频来源于易信用户在"素材管理"中上传的图片和视频素材，上传完图片如图 11-24 所示。

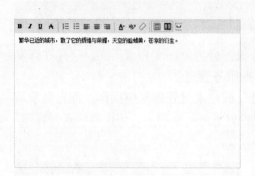

图 11-23

图 11-24

正文填好后，可以单击"保存"按钮，进行素材保存，如图 11-25 所示。也可以单击"测试发送"按钮，发送给你的粉丝。保存后在素材管理"图文"一栏预览，如图 11-26 所示。

图 11-25

图 11-26

提示：这里的原文链接是指原文的网址所在地，如果不填，将在易信中浏览全文。填写网址后，易信用户将会打开这篇文章所在的网页。

提示：单图文信息编排时，图片一定要精美，摘要一定要写的有价值、有吸引力，这样会使用户在浏览单图文信息时，才会单击"阅读全文"。

11.2.2 多图文信息的编排

单击"多图文"按钮，添加多图文素材，打开后如图 11-27 所示。多图文素材的制作与单图文方法相同，不同的是多图文中可以创建 1 个主图文，1~8 个不同的副图文，一个副图文制作完成后单击"添加一条"可以创建另一篇副图文，制作完成后如图 11-28 所示。副图文图片的建议像素是 400 像素 ×400 像素。

图 11-27

图 11-28

> 提示：多图文的编辑方式与单图文一样，这种多图文的制作类似于专题的制作，适合一些相关性信息内容的推送。

11.3 如何与用户对话

易信公众平台除了向粉丝群发消息之外，还能接收和处理粉丝主动发来的消息与回复信息。仅有推送功能是远远不够的，易信作为一个公众平台可用来回复用户。

一些服务类公众账号就可以达到服务易信粉丝的目标，而平时又可以做有价值的内容运营。

例如，易信"出门问问"公众账号中为用户提供了 LEB 技术类服务，当接到粉丝的"位置"指令后，易信官方的业务处理服务端将会自动进行数据处理，将结果反馈给粉丝，如图 11-29 和图 11-30 所示。"出门问问"公众号还强调主题内容的推送，将一些有趣的文章推送给用户，这样既增强了用户体验，又提高了粉丝的黏度，如图 11-31 所示。

图 11-29

图 11-30

图 11-31

11.4 自动回复的优先设置

自动回复是易信公众号优先选择的一种定制规则，利用公众平台提供的自动回复设置可以节省大量人力和精力，在自动回复中利用关键字回复来设置一般性问候语的回复，目录导航是关键字全匹配的一种设置用法。

11.4.1 关键字回复的定制

在易信公众平台中操作"自动回复"功能，首先登录易信公众平台，如图 11-32 所示。选择"高级功能"选项卡，切换到"高级功能"设置界面，如图 11-33 所示。

图 11-32

图 11-33

每个关键字最多有 5 个不同的回复，例如与问候语相关的高频发词语"你好"、"早上好"、"晚上好"等。这些词语一定要设置自动回复，并且突显出自己的公众号定位，如图 11-34 所示。

图 11-34

> 提示："关键字回复"的具体设置方法可以参照易信公众号一章。在关键字回复中回复可以是很随机的，一般情况下，设置的自定义回复如果存在多个回复，那么是按照随机性质来反馈给用户的。

11.4.2　目录导航的设置

利用易信的公众平台的自动回复设置可以设计出一个"目录导航"模式，以及少频率向用户发送"单图文信息"，引导顾客回复相应的关键词接收想要了解的特定信息，这一方面可引导用户，提高用户的参加热情，另一方面可保持用户较长的兴趣度，提高粉丝黏度。

杜蕾斯易信公众号的目录导航设置很好地体现了这一点，如图 11-35 所示。当用户输入不同的关键词提示时，这个公众号会回复不同的内容，如图 11-36 所示。

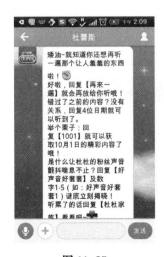

图 11-35

图 11-36

提示：目录导航关键词的设置是公众号在易信公众平台对关键词的设置，预先设定好的关键词是全匹配关键词，为了防止内容冲突。关键词的回复设置应简单化，越简单越能抓住粉丝互动的积极性。

11.5 人工回复提高粉丝黏度

公众号中"自动回复"的设置为用户节省了不少人力，但是也有很多局限性，如果粉丝进一步的问题不是关键词里面的内容，信息就会中断，这会让粉丝感到失望，而人工回复虽然耗时、耗力，但却能在短时间内提高粉丝黏度。

在易信公众平台中操作"人工回复"功能，首先登录易信公众平台，如图 11-37 所示。选择"实时消息"选项卡，切换到"实时消息"设置界面，如图 11-38 所示。

图 11-37   图 11-38

进入与粉丝的聊天界面，如图 11-39 所示。在聊天界面中依据实际情况输入文本、图片或图文等信息，如图 11-40 所示。

图 11-39   图 11-40

单击"发送"按钮后，在粉丝界面会有公众号回复的消息出现，如图 11-41 所示。

图 11-41

提示："人工回复"与"自动回复"的结合可以很好地做到与粉丝的互动，提高粉丝黏度。

11.6 策划富有创意的易信活动

　　微博做活动主要是为了增加粉丝、提升粉丝互动量，推动品牌曝光率或激发潜在的消费者。而易信做活动主要为了激发粉丝互动、增强黏度、展开调研和转化消费等。在用易信策划活动时要确定此次活动的目标人群，切合活动目标用户的喜好，结合热点做出富有鲜明主题和创意的活动形式。那么怎样用易信策划达到活动的效果呢？

11.6.1 易信的图片功能

　　易信可以发送图片。电信"天翼积分"易信公众号在开展"年底积分大回馈"的活动时，通过邀请易信用户参与活动领取积分的方法来激起粉丝的参与热情。获奖资格满足三个条件：关注"天翼积分"的公众号；拍摄含有"中国电信"字样的营业厅场景的照片，发送到易信；每天9点开始发送，前2000名照片的用户可获赠500积分抵用卷。

　　此次"天翼积分"在易信中所做的活动首先是利用图片作为与粉丝互动的前提，其次就是图片的内容很好地将商品植入，图片内容必须包含"中国电信"字样和电信营业厅的场景。

　　可以在易信中查看此次活动规则。

　　打开易信"公众号"主界面，如图 11-42 所示。滑动左侧的公众号内容分类,选中"推荐"选项,在"推荐"的公众号中选择"天翼积分"公众号并关注,如图 11-43 所示。

图 11-42   图 11-43

单击"查看消息"按钮,可以查看其最新的消息和近期的精彩活动,单击界面下方的"精彩活动"选项,进入活动专区,如图 11-44 所示。在回复的信息中单击"查看全文"链接,查看整个活动规则,如图 11-45 所示。

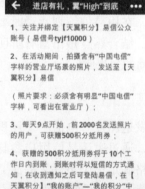

图 11-44   图 11-45

11.6.2 易信的语音功能

在已经成熟的微博活动中,微博可以通过征集文章、图片等各种各样的形式活动达成与粉丝的互动。但在易信中可以通过语音这一特点完成征集声音的

主题活动，这是微博所无法操作的。

语音的征集形式主要有四种：征集全国各地的方言，说一些问候语等；征集语音，比谁说共同一句话的语速快、语句清晰且不能出错等；征集一些对自己品牌意见的语音；征集语音关于对某件事的独特评论。

11.6.3　易信的 App 服务

App 的应用是根据用户生活需求设计出来的，最终能在生活中给用户提供便捷、出众的生活模式。所以 App 类型的易信公众账号所推出的活动往往和线下也有着紧密联系，凭借易信可以享受优惠和领取奖品，用来刺激粉丝从线上到线下的转化。

下面通过"国美在线"的公众号在易信中举办的"国美 27 周年庆"活动来讲解易信用户是怎么从线上转为线下消费的。

首先在易信公众号中关注"国美在线"公众号，如图 11-46 所示。单击"查看历史消息"选项，打开"国美在线"公众号发布给易信用户的活动消息，如图 11-47 所示。

单击"国美 27 周年"这则活动消息，这则活动消息会要求易信用户通过易信完成一些操作，第一步将这则活动消息分享到易信朋友圈，如图 11-48 所示。第二步将分享的朋友圈页面截图,用易信发送给国美的公众号,如图 11-49 所示。

图 11-46　　　　　　　　　图 11-47

完成后享受国美免费提供的现金券和奖品。这些现金券将在国美网站上购物使用，如图 11-50 所示。这也正体现出易信用户是如何从线上互动转为线下消费的。

第一步：将【国美27周年庆，价格回到1987】的好消息分享至你的朋友圈！

图 11-48

第二步：将截图易信至国美在线！

图 11-49

完成！就是这么简单！

您将获得：**100**元现金礼券，先到机会更大哦！共**10**名；让幸运的飓风也吹到你身边来吧！

活动截止日期：**2013**年**11**月**24**日**24**点

名单将在活动结束7个工作日内公布，请您耐心等待，届时查询！谢谢您的支持，我们将会更努力！

【如何订阅】

1.查找公众号：国美在线

图 11-50

第 12 章

易信营销案例

本章将通过易信中几个营销案例的讲解，分析在易信中不同营销模式所带给用户的不同用户体验，什么样的营销模式才能真正抓住受众的需求？是浓厚的娱乐性还是生活的便利性。

12.1 娱乐性浓厚的营销模式——杜蕾斯

在易信中，娱乐性浓厚的典型当属杜蕾斯公众号。我们都知道杜蕾斯国外广告常以热烈、大胆且极富创意而著称。由于中西文化的差异，这一种被认为在国内难以启齿的营销模式无法在中国进行复制，所以它在中国的品牌目标是"帮助消费者享受更美好的性生活"，重点放在提升人们对安全性行为重要性的认识上，以品牌拟人话形象深入粉丝心中。

杜蕾斯在入驻新浪、微信后，又开始在最近一段时间宣布入驻易信公众平台，这也充分体现出易信这一平台的市场潜力。

12.1.1 杜蕾斯的易信定位

最初杜蕾斯的微博定位是"宅男"，之后又转型定格在"有一点绅士，有一点坏，懂生活又很会玩的人，如同夜店的翩翩公子"。这一形象的转型让杜蕾斯的品牌形象从单纯的"性"剥离开，回到有趣的大众平实生活中。

在易信中，"杜蕾斯"公众号介绍界面如图12-1所示。杜蕾斯塑造的"杜杜"形象能与粉丝进行一些简单沟通，如图12-2所示。聊天的风趣和幽默着实令人捧腹不已。在与粉丝的诙谐互动中不仅塑造了品牌形象，并出其不意地提高了易信的粉丝黏度。目前杜蕾斯的易信公众平台还未专门成立陪聊组，但是在易信上与粉丝的互动活动已展开。

图 12-1

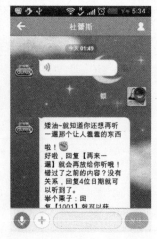

图 12-2

12.1.2 有特色的声音征集活动

杜蕾斯刚刚入驻易信公众平台时，为了激发粉丝的互动性和黏性，发起了一项"朗读姿势"的活动，如图 12-3 所示。在这起活动中，杜蕾斯的易信公众号征集易信用户对"姿势"词语的朗读语音，朗读完整且用时最短的前 20 位粉丝将获得其提供的奖品，如图 12-4 所示。

这起活动是杜蕾斯入驻易信初期发起的活动，充分结合易信的独有优势去策划这起活动。这期活动充分利用易信独有的高清语音与粉丝进行互动，活动中高清语音的形式较文字形式更有吸引力和冲击力，如图 12-5 所示。

图 12-3

图 12-4

图 12-5

12.1.3　适时的目录导航

易信中的目录导航可以通过询问的方式让用户回复看完全部内容，不断享受带给自己的惊喜感，刺激粉丝不断发送短信进行互动，如图 12-6 所示。这些一整套的目录导航和关键字回复体系也会依据时间和事件进行调整，如图 12-7 所示。

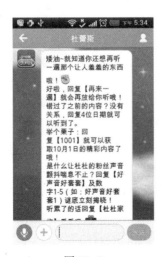

图 12-6

图 12-7

12.2 易信中电商的营销方式

在易信中可以直接跳转至电子商务页面，并且可以直接购物下单，因此电商在易信中进行怎样的促销方式将决定粉丝的购买率。电商在易信中申请了公众号，吸引粉丝的不断加入，这些粉丝中大部分都是利用零碎时间进行购物，易信作为一款聊天软件怎样发挥它作为电商的盈利工具呢？

12.2.1 目录购物的快速化

快节奏的生活方式带来了一批移动族，这一族通过移动端完成购物、订餐、游戏等一系列活动。人们已经不满足在网络上浏览各式各样的商品，他们需要的是一种更快捷、更舒心的购物方式。

下面通过一个"惠惠网"电商在易信中的购物案例讲解目录购物的快速化。关注"惠惠网"公众号，如图12-8所示。依据其提示消息进入购物环节，如图12-9所示。电商在设置易信中的一些目录时，应充分考虑目标受众人群的需求信息。

图 12-8   图 12-9

12.2.2 潜移默化的营销方式

电商在推销商品时往往采用提高广告覆盖率的方法进行，但这往往会使受众产生厌恶心理，就会影响电商的营销和商品成交率。在易信中，"惠惠网"采用"如何选购"回复顾客所需求的商品，如图12-10所示。可以很好地促进顾客对商品的认识和理解，进而选择怎样去购买。在介绍的各种各样商品比对后完成对商品的选购，如图 12-11 所示。

图 12-10   图 12-11

12.2.3 粉丝参与互动

"惠惠网"在易信中举行过一次"惠惠原创环保购物袋设计征集"活动，用户通过易信报名参与此活动，方式是返回与惠惠网对话的页面，直接输入相应的报名信息，如图 12-12 所示。此次活动通过奖励鼓励用户的参与，如图 12-13 所示。一方面提升了粉丝的关注度和对次公众号的黏度，另一方面也促进了商品的营销和成交率。

图 12-12   图 12-13

12.3 酒店的易信营销

7天连锁酒店的官方易信秉承让顾客"天天睡好觉"的愿景,倡导"快乐自主,我的生活"的品牌理念。成为在国内为数不多的能同时接受网络、电话、Wap、短信和手机客户端5种预订模式的酒店。

12.3.1 快捷的预订方式

用户在公众号中直接关注7天连锁酒店的官方易信,如图12-14所示。单击"查看消息"按钮,在与7天连锁酒店的聊天界面中选择"自主预订"或"急着开房"选项,如图12-15所示。

单击"自助预订"选项,聊天信息中弹出一个对话,如图12-16所示。用户可单击对话上的"预订"链接,直接进入预订房间界面,如图12-17所示。

图 12-14

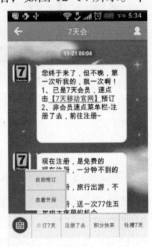

图 12-15

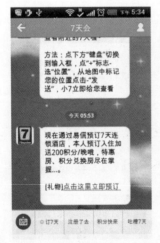

图 12-16

图 12-17

　　输入具体的城市和区域后，单击"搜索"按钮，进入酒店列表界面，如图 12-18 所示。用户可以直接根据自己所在地点选择住房，单击要住的酒店，用户可以在打开的界面中浏览该酒店各种房间的价格，如图 12-19 所示，以及酒店的详细地址和评价，如图 12-20 所示。

图 12-18　　　　　　　　　图 12-19　　　　　　　　　图 12-20

　　选中需要预订的房间后，弹出的界面如图 12-21 所示。填写对应的个人信息后提交订单完成订房。用户在用易信预订酒店时还可以选择"急着开房"选项，直接获取用户的地理位置并发布所在位置附近的 7 天酒店，如图 12-22 所示。

 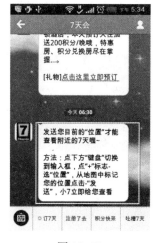

图 12-21　　　　　　　　　图 12-22

　　7 天连锁酒店的预订全过程在易信中完成，快捷迅速，可以精准地掌握酒店的基本信息、位置所在地、住房价格以及一些酒店入住评论。这些选项为用户在酒店的预订过程中提供了很好的引导。

12.3.2 创意的粉丝互动

7 天连锁酒店的官方易信在提供快捷预订房间的同时，在一些特殊节日还会发起一些粉丝的互动对话，这样既可以提高粉丝黏度，又可以推送企业的一些活动信息，甚至可以发起一场小型的市场调查，如图 12-23 所示。

7 天连锁酒店在双十一当天向易信用户发起了一项小调查，迎合节日提出双十一当天用户的预算问题。在万圣节当天，7 天连锁酒店除了通过易信向易信用户送去祝福以外还推送了自己企业的一些最新信息。这样温馨的推送内容既不会让粉丝感到反感，又提高了粉丝关注度。

图 12-23

12.4 App 的易信营销

App 的易信营销在"去哪儿网"和"铁友旅行网"中表现最为突出。

12.4.1 预订景点门票的优越

在易信公众号中关注"去哪儿网"公众号，如图 12-24 所示。在聊天界面的菜单中单击"预订"选项，在弹出的界面中选择"门票预订"选项，如图 12-25 所示。

图 12-24

图 12-25

单击"门票预订"选项，进入界面如图 12-26 所示。在搜索框中既可以搜索城市，"去哪儿网"会为用户自动推荐所在城市的一些著名景点，也可以直接搜索景点，如图 12-27 所示。当然用户也可以单击"查看身边景点"选项，易信自动为用户获取所在位置，然后查看所在位置的附近景点，如图 12-28 所示。

图 12-26

图 12-27

图 12-28

在搜索的景点中选择用户要去的景点，如图 12-29 所示。单击该景点进入该景点的详情页，如图 12-30 所示。这里有关于该景点的开放时间、特别看点和景点介绍等内容。

单击"立即预订"按钮，进入门票预订界面，这里有门票的不同价格预览，可以选择一种门票并进行在线支付，如图 12-31 所示。

图 12-29

图 12-30

图 12-31

预订门票的过程前后总共用了 5~6 个步骤，这些步骤全在易信中操作完成，操作过程中提示信息清晰并附有景区的图片预览和门票折扣价目表，这让用户在预订门票时更加灵活方便。

12.4.2 精确订购火车票

在易信公众号中关注"铁友旅行网"公众号，如图 12-32 所示。单击"查看消息"按钮，进入聊天界面，在对话提示中选择要办理的项目，如图 12-33 所示。

图 12-32　　　　　图 12-33

在回复的信息中单击链接进入在线预订火车票界面，如图 12-34 所示。输入相应的出发城市、到达城市和出发时期，如图 12-35 所示。单击"查询"按钮，查询方式也可以选择"车次查询"。

图 12-34　　　　　图 12-35

图 12-36

图 12-37

进入火车的车次列表界面，如图 12-36 所示。此界面包含火车的类型、出发时间和旅行耗时等，选中一列中意的出行火车，单击"买票"按钮，可以完成对车票的预订，如图 12-37 所示。

预定火车票的操作过程同样在易信中进行，首先目录对话的方式让用户可以全面了解此易信公众号的服务范围及其作用，订票方式的选择让用户能够快速买票。其中还涉及用户的订单状态，通过手机获取及时的票务信息，对不同城市火车票预售期的查询以及在线的客服服务等。这些都为易信用户提供了精确的查询并增强了用户体验。

12.5 影视节目的营销——《爸爸去哪儿》

《爸爸去哪儿》是湖南卫视推出的一套大型明星亲子旅行生存体验真人秀，一经推出得到了许多人的喜爱。影视节目的营销目的就是为了提高收视率，能够赢得众多人的喜爱。那么《爸爸去哪儿》栏目是怎样在易信中进行营销的呢？

12.5.1 精彩内容的图文呈现

在易信公众号中关注"爸爸去哪儿"公众号，如图12-38 所示。单击"查看消息"按钮，进行聊天界面，在对话中可以看到最新电视节目的内容呈现，如图 12-39 所示。

在易信中呈现的节目内容为图文信息内容，单击"查看全文"链接，可以预览最新的一些节目预告，如图 12-40 所示。目的就是为了吸引用户参加电视节目的观看。中间内容

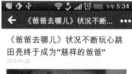

图 12-38

图 12-39

含网友对节目的评论，如图 12-41 所示。激发用户参加节目讨论的热情，提高节目收视率。

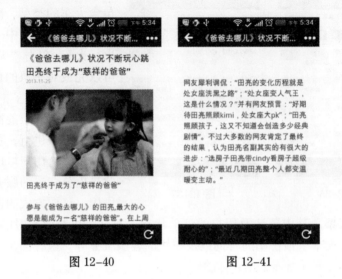

图 12-40 　　　　　　　　　　图 12-41

12.5.2 精彩的互动活动

《爸爸去哪儿》易信公众号初期利用易信平台举行了一次与粉丝的互动活动，如图 12-42 所示。在此次活动中，易信用户通过关注"爸爸去哪儿"的公众号，

用易信文字、语音、图片和贴图的形式说出最喜欢的明星父子以及想对他们说的话即可抽取大奖，如图 12-43 所示。这是一次充分利用易信的聊天方式举行的一次粉丝互动活动。

活动的举办将进一步提高粉丝的黏度，也会激起粉丝的观看热情，进而提高节目的收视率和推广范围。

图 12-42 　　　　　　　　　　图 12-43